W0259367

Die aromatischen Arsenverbindungen

Ihre Chemie nebst einem Überblick über ihre therapeutische Verwendung

Von

Dr. Hans Schmidt

Berlin
Verlag von Julius Springer
1912

ISBN-13:978-3-642-90362-5 e-ISBN-13:978-3-642-92219-0
DOI: 10.1007/978-3-642-92219-0

Softcover reprint of the hardcover 1st edition 1912

Inhaltsverzeichnis.

Die im Text genannten Namen sind zum Teil als Hinweis auf das Literaturverzeichnis zu betrachten.

I. Einleitendes und Übersichtstafel.

Der Anstoß zu dem außerordentlichen Aufschwung, den die Chemie der aromatischen Arsenverbindungen in den letzten Jahren genommen hat, ist nicht chemischen Motiven zu verdanken. Man kann hier einen abgeschlossenen Kreislauf vor sich sehen: Der Arsenik, ein von jeher altbewährtes Mittel in den Händen des Chemiker-Arztes, wurde in seinen Verbindungen mit dem Kohlenstoff durch Bunsen und Baeyer mit hineingezogen in den spontanen Aufschwung, den die Chemie als selbständige und reine Wissenschaft nahm. Michaelis und seine Schüler studierten eingehend die aus dem kürzlich erforschten Benzol und dem Arsen zusammengesetzten Verbindungen, an die analogen Phosphorverbindungen zunächst anschließend. Durch seine eingehenden Untersuchungen schien alles geklärt.

Während schon in so viele Gebiete der organischen Chemie praktische Interessen als fördernder Faktor eingegriffen hatten, blieben die organischen Arsenverbindungen abseits von den chemischen Tagesfragen, abseits auch vom theoretischen Interesse der „reinsten" Chemie liegen. Dazu kam, daß das Gebiet zwar durch mit vieler Mühe ausgearbeitete, aber immerhin umständliche Wege zugänglich war und seine Inangriffnahme mit Hilfe des unangenehmen Arsentrichlorids eine zu überlegende Sache blieb. Endlich waren gerade die Verbindungen, die der Therapie dienen konnten, noch nicht dargestellt.

Da kam nach einem Vorläufer aus der aliphatischen Reihe, dem Arrhénal, ein aromatisches Arsenpräparat auf den Arzneimarkt, das Atoxyl, das durch seine Heilwirkung bei der Schlafkrankheit großes Aufsehen erregte.

Nunmehr griff wieder ein Chemiker-Arzt, was heute mehr wie zur Zeit der Iatrochemiker sagen will, da es nicht mehr so leicht ist, die Kenntnisse der selbständig weit fortgeschrittenen Chemie mit denen der modernen Therapie zu vereinigen — jetzt griff der „Chemotherapeut" Ehrlich fördernd in die Chemie der Arsenverbindungen ein, erkannte im Gegensatz zur allgemeinen Ansicht die chemische Konstitution des Atoxyls, erkannte, daß gerade durch die aromatischen Arsenverbindungen mit ihren unendlichen Möglichkeiten fein differenzierter, chemischer Nuancierung eine systematische Erhöhung der Heilwirkung des Arsens weiter zu erreichen sei.

Die vom Gesichtspunkte „primum ut profiteas" geleiteten Untersuchungen haben die Kenntnis der aromatischen Arsenverbindungen sehr erweitert und vertieft, die wissenschaftliche und Patentliteratur des Gebietes ist in den letzten Jahren gewaltig angewachsen. Es ist an der Zeit, auch nun vom rein chemischen Gesichtspunkt das weitverstreute Material zusammenzufassen und die bisher nur stiefmütterlich behandelte Chemie der aromatischen Arsenverbindungen dem chemischen Lehrgebäude einzufügen. Zugleich soll die hier versuchte Darstellung dem praktischen Chemiker zur bequemeren Orientierung dienen, zur Orientierung auch dem Arzt und dem Apotheker, durch deren Hände die neuen Präparate jetzt in so großen Mengen gehen.

Der Zusammenhang mit der therapeutischen Bedeutung soll im Schlußkapitel hergestellt werden.

Die Chemie der aromatischen Arsenverbindungen gruppiert sich in der Hauptsache um die beiden Zentren Michaelis und Ehrlich. Durch eine Verquickung der beiden faßt die hier vorliegende Darstellung die gesamten Kenntnisse zusammen. Die Betrachtung wird zunächst nach den Oxydationsstufen vorschreiten, welche das Arsen in seinen organischen Verbindungen hat. Eine vorbereitende Übersicht soll in der nachfolgenden Tabelle gegeben werden. Zum Vergleich sind dort die entsprechenden Stickstoffverbindungen daneben gesetzt.

Übersichtstafel der aromatischen Arsenverbindungen, nach den Oxydationsstufen geordnet.

Stickstoffreihe.	Arsenreihe.				
1. $R-NO_2$ Nitro	primär $R-As\cdot O_2$	Arsinoverbindungen. (Anhydride der Arylarsinsäuren)	→	$R-As(=O)(OH)_2$ [1]	Arylarsinsäuren
	sekundär ———		+ Wasser →	$R_2As(=O)OH$	
	tertiär $R_3As=O$		→	$R_3As(OH)_2$	
2. R·NO Nitroso	primär $R-As=O$	Arylarsenoxyde	→	$R-As(OH)_2$	Arylarsenige Säure.
	sekundär $(R_2-As)_2O$		+ Wasser →	R_2As-OH	
3. $R\cdot N(O)-N\cdot R$ Azoxy	$R-As(OH)-As(OH)-R$ Dihydroxyarsenoverbindungen[2]				
4. $R-N=N-R$ Azo	$R-As=As-R$ Arsenoverbindungen				
5. $R-NH-NH-R$ Hydrazo	$R_2As-AsR_2$ Tetraaryldiarsine (Arylkakodyl)				
6. RNH_2 prim. Amin	$RAsH_2$ primäres Arsin				
R_2NH sekund. Amin	R_2AsH sekundäres Arsin				
R_3N tertiäres Amin	R_3As tertiäres Arsin				
R_4NX Azoniumverbindungen	R_4AsX Arsoniumverbindungen.				

Für die am Arsen halogenierten und geschwefelten Produkte sind in den Kapiteln IV und V besondere Übersichtstabellen gegeben.

Im Verhalten ist die Parallele mit der Stickstoffreihe nicht ganz durchführbar. Während dort die Nitro- und Azoverbindungen beide sehr stabile Körper sind, liegt in der Arsenreihe der Kulminationspunkt der Stabilität allein in den Arsinsäuren, man könnte sogar von einem regelmäßigen Abfallen der Stabilität

[1]) Über besondere Bezeichnungsweisen, z. B. Arsonsäuren, siehe die betreffenden Kapitel. — Aryl- = Aromatisches Radikal.

[2]) Existenz fraglich s. S. 24.

von den Arsinsäuren bis zu den (primären und sekundären) Arsinen reden, die sich leicht an der Luft oxydieren. Die tertiären Arsine sind wieder stabiler.

Will man mit anorganischen Verbindungen des Arsens vergleichen, so sind die Arylarsinsäuren als substituierte Arsensäure $AsO(OH)_3$ aufzufassen, die Arsenoxyde als substituierte arsenige Säure AsO(OH). Die Arsine sind vom Arsenwasserstoff AsH_3 durch Ersatz von ein oder mehreren H durch aromatische Radikale abzuleiten. Für die Verbindungen mit As — As oder As = As - Bindung liegen anorganische Analoga in einigen Ausnahmefällen vor. Jodarsen hat nach Landsberger die doppelte Molekularformel, also $AsJ_2 — AsJ_2$.

Bevor wir an Hand der Tabelle die einzelnen Arsenverbindungen besprechen, seien vorher die Methoden erläutert, die uns gestatten, den Arsenrest mit dem Benzol zu festen chemischen Verbindungen zu vereinigen.

II. Synthetische Methoden.

(Einführung von Arsen in den Benzolkern.)

1. Die Arsensäureschmelze von Aminen.

Dieser Prozeß, bereits von Béchamp beschrieben, steht in genauer Analogie zur Darstellung von Sulfanilsäure aus Schwefelsäure und Anilin. Wie hier die Schwefelsäuregruppe, tritt beim Schmelzen von arsensaurem Anilin der Arsensäurerest in die p-Stellung zur Aminogruppe in den Kern, wie es erst Ehrlich[1]) richtig erkannte. Das von Béchamp im Endprodukt vermutete Arsensäureanilid ist Zwischenprodukt.

$$C_6H_5NH_2,\ AsO_4H_3 \rightarrow C_6H_5NH{-}As\begin{matrix}-OH\\=O\\-OH\end{matrix} \rightarrow \begin{matrix}HO\\O\\HO\end{matrix}\!\!>\!As\langle\!\!\bigcirc\!\!\rangle NH_2$$

Man erhält so aus Anilin die p-Aminophenylarsinsäure oder „Arsanilsäure". Auch für die Homologen ist der Prozeß eingehend ausgearbeitet[2]). Zweckmäßig erwärmt man das Amin mit Arsensäure einige Stunden auf 170—200^0, nimmt das Reak-

[1]) B. 40/3292. Näheres Kapitel VI/7.

[2]) B. 41/1674.

tionsprodukt mit Wasser auf, befreit die Lösung mit Dampf vom überschüssigen Amin und bringt durch Neutralisation die Aminosäure zur Abscheidung.

Im D. R. P. 219 210 [Farbwerke Höchst[1])] wird darauf hingewiesen, daß bei der Arsensäureschmelze von o- und p-Toluidin, welche längst für die Herstellung von Triphenylmethanfarbstoffen bekannt war, auch die Arsinsäuren entstehen. Aber eben durch die oxydierende Nebenwirkung der Arsensäure sind die Ausbeuten an Arsinsäuren nach diesem Verfahren im allgemeinen schlecht[2]).

Nach P. Anm. 15 723 (Agfa) nimmt man 2 Mol. Amin auf 1 Mol. Arsensäure. Wolff[3]) erhitzt das arsensaure Amin in einem hochsiedenden Lösungsmittel, z. B. in Glycerin.

Der Arsensäurerest tritt bei der Reaktion in Parastellung zur Aminogruppe ein. Ortho- und metasubstituierte Amine können mit gleichem Erfolg mit Arsensäure verschmolzen werden, auch das α-Naphthylamin[4]) (Adler; Benda und Kahn). Das o-Nitranilin gibt nach Mameli[5]):

$$H_2N\langle\text{C}_6\text{H}_3(NO_2)\rangle AsO_3H_2$$

Bei besetzter Parastellung tritt die Arsensäuregruppe in Orthostellung zur Aminogruppe in den Kern [Benda[6])], doch sind hier die Ausbeuten noch schlechter. Aus p-Chloranilin entsteht:

$$Cl \cdot C_6H_3(NH_2) \cdot AsO_3H_2$$

Besonders gut erhält man so aus p-Nitranilin[7]):

$$O_2N \cdot C_6H_3(NH_2) \cdot AsO_3H_2$$

---

[1]) Vgl. ferner Engl. P. 855 (1908, Wellcome und Pyman).

[2]) Aus o-Toluidin sind die Ausbeuten verhältnismäßig gut.

[3]) D. P. Anm. W. 29 524 (versagt).

[4]) B. 41/934 und 1676.

[5]) C. 1909 II/1856; B. 44/3093 (Bertheim).

[6]) B. 42/3619. Nach B. 41/1673 soll aus p-Toluidin und Arsensäure noch ein stilbenartiges Reaktionsprodukt entstehen.

[7]) B. 44/3294; D. R. P. 243 693 (Farbwerke Höchst).

Als Nebenprodukt treten Diarylarsinsäuren auf [Benda[1])]. In größerer Ausbeute kann man sie erhalten, wenn man einen Überschuß von Amin verwendet, oder wenn man auf eine schon gebildete Aminoarsinsäure ein Amin einwirken läßt. Man gelangt so auch zu gemischten Diarylarsinsäuren. So z. B. aus o-Toluidinarsinsäure + Anilin

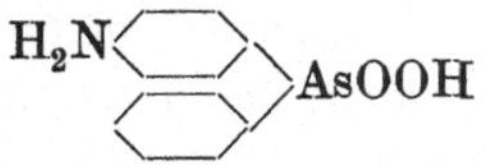

$$\begin{matrix} H_2N\langle\!\!\!\bigcirc\!\!\!\rangle \\ \langle\!\!\!\bigcirc\!\!\!\rangle \end{matrix} > AsOOH$$

[Pyman und Reynolds[2])].

Ist so durch diese Synthese die Darstellung einfacher und substituierter Aminoarsinsäuren möglich, so sind auch weiterhin indirekt durch Ersatz der Aminogruppe nach Sandmeyer viele andere Körper zugänglich.

2. Arsensäureschmelze von Phenolen.

Auch beim Verschmelzen von Phenol mit Arsensäure tritt der Arsenrest in den Kern, auch hier in p-Stellung zur Phenolgruppe, vermutlich über die Zwischenstufe eines Phenolesters hinweg.

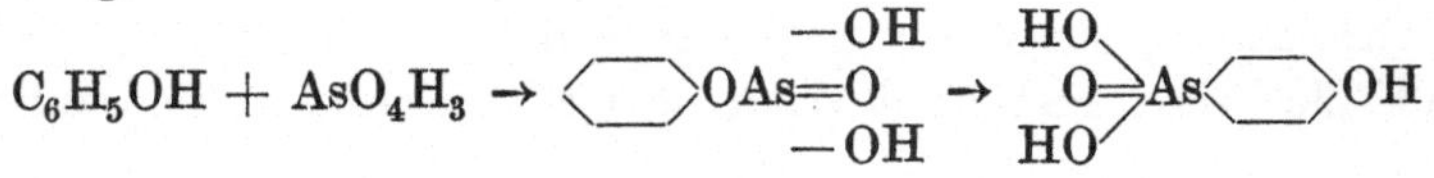

$$C_6H_5OH + AsO_4H_3 \rightarrow \langle\!\!\!\bigcirc\!\!\!\rangle OAs\begin{matrix}-OH \\ =O \\ -OH\end{matrix} \rightarrow \begin{matrix}HO \\ O \\ HO\end{matrix}\!\!>\!As\langle\!\!\!\bigcirc\!\!\!\rangle OH$$

Es ist so die p-Oxyphenylarsinsäure und ihre Homologen zugänglich[3]), wenn auch nur in geringer Ausbeute.

3. Meyersche Reaktion: Umsetzung von Halogenverbindungen mit Alkaliarsenit.

Die in der aliphatischen Reihe mit Erfolg verwendeten sog. Meyersche Reaktion[4]) hat bisher in der aromatischen Reihe noch nicht zu so günstigen Resultaten geführt. Die Umsetzung von arsenigsaurem Alkali (am besten Kali) mit organischen Halogenverbindungen (am besten Jodide) vollzieht sich beim

[1]) B. 41/2367.
[2]) C. 1908 II/781.
[3]) D. R. P. 205616 (Farbwerke Höchst).
[4]) G. Meyer, Über einige anomale Reaktionen. B. 16/1439.

längeren Erwärmen in wässerig-alkoholischer Lösung nach der Gleichung:

$$\mathrm{As}\begin{matrix}\mathrm{OK}\\\mathrm{OK}\\\mathrm{OK}\end{matrix} + \mathrm{R\cdot Hal.} = \mathrm{O{=}As}\begin{matrix}-\mathrm{R}\\-\mathrm{OK}\\-\mathrm{OK}\end{matrix} + \mathrm{K\,Hal.}$$

Die Reaktion ist noch von Klinger und Kreutz[1]) und später eingehend von Dehn und Grath[2]) studiert worden. Sie erhielten z. B. aus Kaliarsenit und Jodäthyl bei 48stündigem Stehen in Wasser und Alkohol (in dem Verhältnis gemischt, daß klare Lösung eintrat) 70% Ausbeute an Äthylarsinsäure. Auch aus Benzyljodid bekamen sie noch 33,6% Ausbeute, während Phenyl- und Tolyljodid bei wochenlangem Behandeln der Reaktionsflüssigkeit nicht über 8% Kernarsinsäuren lieferten. Chortoluol gab nur 3% Ausbeute an Tolylarsinsäure.

Trotz der geringen praktischen Bedeutung erscheint es im Hinblick auf einige in der aromatischen Arsenreihe wichtige Reaktionen angebracht, die Deutung hier anzuführen, die Auger der Meyerschen Reaktion gegeben hat. Der Übergang des Arsens vom dreiwertigen in den fünfwertigen Zustand, der hierbei stattfindet, ist von ihm analog dem Übergang von Natriumsulfit in eine Sulfonsäure bei der Umsetzung mit Alkyljodiden erklärt.

Auger[3]) nimmt an, daß das Trinatriumarsenit nicht in der Form I, sondern in der tautomeren Form II reagiert:

$$\underset{\text{I.}}{\mathrm{As}\begin{matrix}-\mathrm{ONa}\\-\mathrm{ONa}\\-\mathrm{ONa}\end{matrix}} \qquad\qquad \underset{\text{II.}}{\mathrm{Na{-}As}\begin{matrix}=\mathrm{O}\\-\mathrm{ONa}\\-\mathrm{ONa}\end{matrix}}$$

Bei der Umsetzung mit Jodmethyl wird das ans Arsen direkt gebundene Na-Atom gegen Methyl vertauscht. Hieraus weiter folgernd, hat Auger die entstandene Methylarsinsäure (1) zum Methylarsinoxyd (2) reduziert und dieses in Form seines wiederum tautomer auftretenden Natriumsalzes (3) mit Jodmethyl umgesetzt. Es resultierte Dimethylarsinsäure [Kakodylsäure (4)]; durch nochmalige Reduktion (5) und Umsetzung (6) erreichte Auger eine völlige „Alkylierung des Arseniks".

---

[1]) A. 249/147.

[2]) C. 1905/I/799 und C. 1906/I/1601.

[3]) Systematische Alkylierung des Arseniks. C. r. 137/925, C. 1904/80.

$$Na-As\begin{matrix}=O\\-ONa\\-ONa\end{matrix}\qquad CH_3As\begin{matrix}=O\\-ONa\\-ONa\end{matrix}\qquad CH_3As=O\qquad \begin{matrix}Na\\CH_3\end{matrix}\!\!>As\!\begin{matrix}ONa\\=O\end{matrix}$$

1. 2. 3.

$$\begin{matrix}CH_3\\CH_3\end{matrix}\!\!>As\!\begin{matrix}ONa\\=O\end{matrix}\qquad \begin{matrix}Na\\CH_3\\CH_3\end{matrix}\!\!>As=O\qquad \begin{matrix}CH_3\\CH_3\\CH_3\end{matrix}\!\!>As=O$$

4. 5. 6.

Eine ganz analoge Reaktion ist die von Ehrlich und Bertheim[1]) beschriebene Umsetzung von Aminophenylarsenoxyd mit Monochloressigsäure in alkalischer Lösung, die zu einer p-Aminophenylarsinessigsäure führt:

$$H_2N\langle\bigcirc\rangle As\begin{matrix}-CH_2\cdot COOH\\=O\\-OH\end{matrix}$$

Eine weitere Analogie wird sich bei der Betrachtung der nun folgenden Bartschen Reaktion ergeben.

4. Bartsche Reaktion: Austausch der Diazogruppe gegen den Arsensäurerest.

Große Bedeutung scheint ein kürzlich von Bart zum Patent[2]) angemeldetes Verfahren zu haben, wonach die Diazogruppe ähnlich wie bei den Sandmeyerschen Reaktionen gegen den Arsensäurerest ausgetauscht wird. Man wird hier an das Verhältnis der Atoxylschmelze zur Fuchsinschmelze (s. Kap. II/1) erinnert, wenn man sieht, daß schon früher die Einwirkung von Diazoverbindungen auf Arsenik in alkalischer Lösung beschrieben ist, die danach nur in Reduktionsvorgängen besteht und zu Benzol, Azobenzol usw. führt[3]), indem das Arsenit ins Arseniat übergeht.

Bart fand nun, daß beim Zusammengeben von Diazolösung mit Alkali- oder Magnesiumarsenit unter Ersatz der Diazogruppe die betreffenden Arsinsäuren gebildet werden (nebenher verläuft die Reduktion). Die günstigsten Bedingungen sieht

[1]) B. 43/925.

[2]) Pat. Anm. B. 57015.

[3]) B. 23/2672 (Fußnote). Ebenso wie hier Königs, übersieht auch Gutmann B. 45/821 die Bildung von Arsinsäuren. Die Reduktion und der Austausch der Diazogruppe gegen den Arsenrest verlaufen in modifizierbarem Verhältnis nebeneinander.

Bart in einer alkalischen, ev. auch neutralen Reaktion. Die Diazolösung und die Natriumarsenitlösung von richtig bemessener Alkalität werden zusammengegossen und die eintretende lebhafte Stickstoffentwicklung durch Erwärmen unterstützt. In saurer Lösung soll die Umsetzung schlechter vor sich gehen und im allgemeinen die Isodiazoverbindungen leichter wie die n-Diazoverbindungen reagieren[1]), in beiden Fällen jedoch substituierte Diazokörper leichter als nicht substituierte. Das n-Benzoldiazotat ist überhaupt vom Patentanspruch ausgenommen.

Auch bei der Bartschen Reaktion geht das Arsen aus dem dreiwertigen Zustand im Arsenik in den fünfwertigen Zustand über, in dem es sich in der Arsinsäure als einem Abkömmling der Arsensäure befindet. Bemerkenswert ist die Analogie mit der Bildung von Sulfonsäuren aus SO_2 und Diazoverbindungen[2]), die allerdings nicht in alkalischer Lösung erfolgt. In besonderer Beziehung steht hierzu noch außerdem die unter 3. entwickelte Augersche Theorie der Meyerschen Reaktion, zumal im Hinblick auf folgendes:

Macht man z. B. nach Bart aus p-Nitranilin durch Diazotieren und Umsetzen mit Alkaliarsenit die p-Nitrophenylarsinsäure, so kann man diese wiederum reduzieren zum p-Nitrophenylarsenoxyd; dieses reagiert nun nach Bart ganz als ein substituierter Arsenik mit einer Diazoverbindung: bringt man eine alkalische Lösung des p-Nitrophenylarsenoxyds mit diazotiertem p-Nitranilin zur Umsetzung, so wird Di-p-nitrophenylarsinsäure gebildet. Diese kann man wieder reduzieren zum Di-p-nitrophenylarsinoxyd und, wie Bart in einer Zusatzanmeldung ausführt[3]), von neuem mit Diazolösung umsetzen. Es resultiert, wenn wir die Augersche Bezeichnung übertragen, eine systematisch arylierte Arsensäure.

$$NO_2C_6H_4AsO_3H_2 \rightarrow NO_2C_6H_4As=O \rightarrow \begin{matrix} NO_2-C_6H_4 \\ NO_2-C_6H_4 \end{matrix}\!\!>\!As\!\begin{matrix} \diagup OH \\ = O \end{matrix} \rightarrow$$

$$\rightarrow \begin{matrix} NO_2-C_6H_4 \\ NO_2-C_6H_4 \end{matrix}\!\!>\!As-OH \rightarrow \begin{matrix} NO_2C_6H_4 \diagdown \\ NO_2C_6H_4 - \\ NO_2C_6H_4 \diagup \end{matrix}\!As=O$$

---

1) Dies steht mit den Angaben Gutmanns B. 45/821 im Widerspruch.

2) Landsberger B. 23/1454.

3) Pat. Anm. B. 60706.

Die Bartsche Reaktion gestattet nun, im weitesten Umfange aromatische Arsinsäuren herzustellen — im Gegensatz zu den anderen, auf ein mehr oder weniger engeres Gebiet beschränkten Methoden. Die Ausbeuten sind wechselnd je nach dem verwendeten Amin. Bart führt die folgenden Beispiele auf:

	aus	und	entsteht
1.	Bromanilin	Arsenik	p-Bromphenylarsinsäure.
2.	p-Aminoacetanilid	„	Acetyl-p-aminophenylarsinsäure.
3.	p-Toluidin	„	p-Tolylarsinsäure.
4.	Anthranilsäure	„	o-Benzarsinsäure.
5.	Isodiazobenzolkali	„	Phenylarsinsäure.
6.	o-Nitroisodiazobenzolkali	„	o-Nitrophenylarsinsäure.
7.	4-Nitro-2-aminophenol	„	Nitrophenolarsinsäure.
8.	p-Aminophenylarsinsäure	„	Benzol-p-diarsinsäure.
9.	p-Nitroanilin	„	p-Nitrophenylarsinsäure.
10.	p-Nitroanilin	Nitrophenylarsenoxyd	Dinitrodiphenylarsinsäure.
11.	p-Aminophenol	Arsenik	p-Oxyphenylarsinsäure.
12.	p-Nitroanilin	Dinitrodiphenylarsenoxyd	Trinitrotriphenylarsinoxyd.

Wie aus 8. hervorgeht, läßt sich auch eine zweite Arsinsäuregruppe in den Benzolkern nach dieser Methode einführen:

$$H_2O_3AsC_6H_4AsO_3H_2$$

Die nun folgenden drei Methoden sind die besonders von Michaelis und seinen Schülern angewendeten. Sie gehen alle vom Arsentrichlorid aus.

5. Die Umsetzung von $AsCl_3$ mit Benzol usw.

Benzol selbst und seine Homologen sind nur schlecht mit $AsCl_3$ in Reaktion zu bringen. La Coste und Michaelis[1]) erreichten einige Resultate, indem sie $AsCl_3$ und Benzoldämpfe gemischt durch ein glühendes Rohr schickten.

Ein Zusatz von $AlCl_3$ nach Friedel-Crafts hatte hier keinen Erfolg.

Leicht ist es dagegen, Dimethylanilin und seine Homologen mit $AsCl_3$ in Reaktion zu bringen [Michaelis und Rabinersohn[2])]. Ein zweistündiges Erhitzen auf dem Wasserbad führt die

---

[1]) A. 201/193.

[2]) A. 270/139; B. 41/1514.

Reaktion unter Bildung des primären Chlorarsins $(CH_3)_2NC_6H_5AsCl_2$ zu Ende.

Wird $AsCl_3$ mit Anilin umgesetzt, so entsteht zunächst das im Kapitel VII besprochene Additionsprodukt; bei längerer Einwirkung wird neben komplizierteren, arsenhaltigen Verbindungen Triaminotriphenylarsinoxyd gebildet [Morgan und Micklethwait[1])].

6. Umsetzung von $AsCl_3$ mit Quecksilberarylen.

Von praktisch größerer Bedeutung als die soeben besprochene Methode ist die Umsetzung von $AsCl_3$ mit Quecksilberarylen[2]):

$$AsCl_3 + Hg(C_6H_5)_2 = 2\,C_6H_5AsCl_2 + HgCl_2$$

Die Quecksilberverbindungen des Benzols, Toluols und Naphthalins setzen sich beim Erwärmen, die übrigen Quecksilberradikale schon in der Kälte mit $AsCl_3$ um. Auf diesem Wege gelangt man in guter Ausbeute zu den primären Chlorarsinen, die dann weiter in Arsenoxyde und Arsinsäuren übergeführt werden können. Als Nebenprodukt entstehen sekundäre Chlorarsine R_2AsCl und etwas tertiäres Arsin. Die Trennung wird durch fraktionierte Destillation vorgenommen. Die sekundären Chlorarsine können reichlich erhalten werden, wenn man Phenylchlorarsin mit Quecksilberdiphenyl erwärmt (La Coste und Michaelis).

7. Umsetzung von $AsCl_3$ mit Halogenbenzol durch Natrium in ätherischer Lösung.

Diese Reaktion verläuft glatt und fast quantitiv [Michaelis und Reese[3])]; sie wird beschleunigt, wenn man dem Gemisch von z. B. Chlorbenzol, $AsCl_3$ und Äther etwas Essigester zufügt. Man erhält die tertiären Arsine R_3As. Etwas schlechter geht die Reaktion nach Michaelis und Paetow[4]) mit Benzylchlorid.

Erhitzt man die nach dieser Methode gewonnenen tertiären Arsine mit einem großen Überschuß von $AsCl_3$ im Rohr auf 150

---

[1]) C. 1909, II/1427.
[2]) A. 201/196, 320/272.
[3]) B. 15/2876; ferner A. 321/160; B. 19/1031, 27/264.
[4]) A. 233/60.

bis 300°, so bilden sich die primären Chlorarsine. Die Reaktion geht in der Hauptsache nach der Gleichung:

$$R_3As + 2\,AsCl_3 = 3\,RAsCl_2$$

Erhitzt man das tertiäre Arsin mit weniger $AsCl_3$, so entstehen nach Michaelis[1]) die sekundären Arsenverbindungen [Diphenylarsenchlorid $(C_6H_5)_2AsCl$], jedoch nur in schlechter Ausbeute. Nach Dehn und Wilcox[2]) aber wird die sekundäre Verbindung in guter Ausbeute erhalten, wenn man $2\,R_3As$ mit $1\,AsCl_3$ 30 Stunden lang auf 220° erhitzt.

Das soeben besprochene Verfahren, nach welchem direkt die tertiären Arsine, indirekt die sekundären und besonders die primären Chlorarsine erhalten werden, ist nach Michaelis die günstigste der aus seiner Schule hervorgegangenen Methoden.

8. Synthesen mit Hilfe der magnesiumorganischen Verbindungen.

Hier ist zunächst Waga[3]) anzuführen, der Magnesiumdiphenyl mit einem Überschuß an $AsCl_3$ in Reaktion brachte; er erhielt Phenylarsenchlorid $C_6H_5AsCl_2$.

Phenylmagnesiumbromid ließ Pfeiffer[4]) in ätherischer Lösung auf $AsCl_3$ einwirken und erhielt in mäßiger Ausbeute Triphenylarsin.

Sachs und Kantorowicz[5]) setzten das Phenylmagnesiumbromid mit As_2O_3 um und bekamen sekundäres Arsenoxyd neben tertiärem Arsin.

Hewitt und Winmill[6]) brachten Arsendijodid, dem nach Landsberger die doppelte Molekularformel As_2J_4 (I) zukommt, mit Phenylmagnesiumbromid zur Umsetzung; an Stelle des erwarteten Phenylkakodyls (II) entstand aber Triphenylarsin (III):

$$\begin{matrix}J\\J\end{matrix}{>}As-As{<}\begin{matrix}J\\J\end{matrix} \qquad \begin{matrix}C_6H_5\\C_6H_5\end{matrix}{>}As-As{<}\begin{matrix}C_6H_5\\C_6H_5\end{matrix} \qquad \begin{matrix}C_6H_5\\C_6H_5\\C_6H_5\end{matrix}{>}As$$

I. II. III.

1) A. 320/279.
2) C. 1906, I/738.
3) A. 282/320.
4) B. 37/4621.
5) B. 41/2767.
6) C. 1907, II/439.

Allgemeines über die Methoden 1—8.

Von den besprochenen Methoden wird 1, 2 und 4 technisch verwendet. Während Michaelis die Synthese und Untersuchung der primären sowohl als auch der sekundären und tertiären Arsenverbindungen in gleicher Weise durchführt, streben diese neueren Methoden besonders die Darstellung der therapeutisch brauchbaren primären Arsenverbindungen an, wenn auch nach 1 und 4 sekundäre bzw. tertiäre hergestellt werden können.

Diese neueren Methoden führen zugleich sämtlich zu Verbindungen, in welchen das Arsen fünfwertig auftritt; durch Reduktion kann man zu den Arsenoxyden usw. gelangen. Die Michaelisschen Methoden führen zu dreiwertigen Arsenverbindungen (Chlorarsine, tertiäre Arsine), die dann durch Oxydation in die Arsinsäuren, durch Reduktion in die Arsenoverbindung übergeführt werden können. Arsenoverbindungen selbst sind direkt synthetisch nicht zugänglich.

III. Die aromatischen Arsenverbindungen, nach den Oxydationsstufen geordnet.

1. Arylarsinsäuren.

$$R-As\begin{matrix}\diagup OH\\=O\\\diagdown OH\end{matrix}\qquad R_2As\begin{matrix}\diagup OH\\=O\end{matrix}\qquad R_3As\begin{matrix}\diagup OH\\\diagdown OH\end{matrix}$$

primär — sekundär — tertiär

Benennung:

Monoarylarsinsäuren	Diarylarsinsäuren	Triarylarsinhydroxyde;
[Arsonsäuren[1])]	[Arsinsäuren[1])]	tertiäre Arsinhydroxyde.

Bildung. Die Arsinsäuren entstehen, da sie die höchste und stabilste Oxydationsstufe der aromatischen Arsenverbindungen darstellen, aus allen niederen Oxydationsstufen leicht durch Oxydation. Als Mittel wird besonders Wasserstoffsuperoxyd[2]) in alkalischer Lösung empfohlen; es verdient vor dem gleichfalls verwendeten HgO den Vorzug. Als Oxydationsmittel für die Arsenoxyde ist auch Jod in essigsaurer Lösung geeignet[3]). Aus

[1]) Diese Benennung ist von englischer Seite angewendet (Pyman und Reynolds), aber nicht allgemein angenommen.

[2]) B. 41/1514 und z. B. D. R. P. 224953 (Farbwerke Höchst).

[3]) B. 43/921.

den bei den Michaelisschen Synthesen erhaltenen Chlorarsinen führt die Addition von Cl und die Zersetzung der erhaltenen Chloride zu den Säuren.

1. $RAsCl_2 + Cl_2 \rightarrow RAsCl_4 + 3\,H_2O \rightarrow RAsO_3H_2$

2. $R_2AsCl + Cl_2 \rightarrow R_2AsCl_3 + 2\,H_2O \rightarrow R_2AsOOH$

3. $R_3As + Cl_2 \rightarrow R_3AsCl_2 + H_2O \rightarrow R_3AsO$

In praxi übergießt man das Chlorarsin mit Wasser und leitet Chlor ein. Löst man die Chlorarsine in Eisessig und fügt allmählich Wasserstoffsuperoxyd hinzu, so vermeidet man chlorhaltige Beimengungen[1]).

Aus den primären Arsinen entstehen die Arsinsäuren durch Oxydation mit Salpetersäure, aus den sekundären durch Luftoxydation, aus den tertiären Arsinen als dem trisubstituierten Arsenik werden durch Addition von Chlor (s. o. Formel 3) oder durch sonstige Oxydation z. B. mit konzentrierter Schwefelsäure[2]) oder mit Jod[3]) die Triarylarsenoxyde gewonnen.

Synthetisch sind die Arylarsinsäuren direkt nach den in Kapitel II aufgeführten Methoden 1, 2, 3, 4 zugänglich, also durch die Arsensäureschmelze von Aminen und Phenolen, ferner nach den Methoden von Bart und Meyer. Barts Reaktion gestattet auch, wenn man von der p-Aminophenylarsinsäure ausgeht, noch einen zweiten Arsensäurerest ins Benzolmolekül einzuführen und so eine Benzoldiarsinsäure herzustellen:

$$H_3O_3As\text{-}C_6H_4\text{-}AsO_3H_2$$

Nach Meyer ist nur die nicht rein aromatische Benzylarsinsäure gut zugänglich[4]), deren Darstellung durch Oxydation von $C_6H_5CH_2AsCl_2$ nicht möglich ist, da aus diesem Chlorid überaus leicht der Arsensäurerest abgespalten wird[5]).

Eigenschaften. Die Arylarsinsäuren sind größtenteils schön krystallisierte Körper, die mit wenigen Ausnahmen durch einen Schmelzpunkt wohl charakterisiert sind. Mitunter wird ein unscharfer Schmelzpunkt beobachtet, wie z. B. bei der Phenylarsin-

1) A. 320/277.
2) A. 321/186.
3) B. 43/925.
4) C. 1906, I/1601.
5) A. 233/92.

säure; erhitzt man etwas höher über den Schmelzpunkt hinaus, so erstarrt die Substanz wiederum. Dadurch zeigt sich der Übergang in das Anhydrid an, ins Arsinobenzol[1]) $RAsO_2$:

$$RAs\begin{matrix}-OH\\=O\\-OH\end{matrix} \rightleftarrows RAs\begin{matrix}=O\\=O\end{matrix} + H_2O$$

Wie schon bemerkt, verhalten sich nicht alle Arsinsäuren so. Viele zersetzen sich beim Erhitzen, bevor das Wasser ganz ausgetreten ist. Die amorphen Arsinsäureanhydride nehmen an der Luft kein Wasser auf, sondern gehen erst in Berührung mit warmem Wasser wieder in die krystallisierenden Arsinsäuren über (Umkehrung der obigen Gleichung).

Die sekundären Arsinsäuren bilden keine Anhydride: Die Diphenylarsinsäure hat einen scharfen Schmelzpunkt. Die tertiären existieren zum Teil in der Hydratform, die beim Erhitzen leicht Wasser abgibt.

Die Haftfestigkeit des Arsens ist in den Arylarsinsäuren an und für sich eine sehr große: Phenylarsinsäure selbst kann mit konzentrierter Salpetersäure ohne Veränderung gekocht werden[2]). Beim Schmelzen mit Ätzkali wird der Arsenrest gegen OH ersetzt[3]). Wie die einzelnen Substituenten die Haftfestigkeit des Arsens herabsetzen, ist z. B. aus dem Vergleich der drei isomeren Aminophenylarsinsäuren in Kap. VI, 7 zu ersehen. Dehn[4]) hat Versuche über das Verhalten der Phenylarsinsäure beim Erhitzen gemacht. Bei dreistündigem Erhitzen auf 285° ist sie noch beständig und zersetzt sich erst bei 24stündigem Erhitzen auf 320° nach der Gleichung:

$$2\,C_6H_5AsO_3H_2 = (C_6H_5)_2O + As_2O_3 + 2\,H_2O$$

Die Arsinsäuren sind wasserlöslich, die sekundären viel weniger als die primären. Die mehr basischen tertiären sind mäßig leicht in Wasser löslich. Eine Zusammenstellung findet sich bei Dehn und Grath. Z. B.:

---

[1]) Die Bezeichnung Arsinosalicylsäure statt Salicylarsinsäure im D. R. P. 215 251 (Adler) ist demnach nicht richtig.

[2]) A. 201/204.

[3]) A. 208/9.

[4]) C. 1908, II/850.

Phenylarsinsäure	bei 28°	löslich	3,25 : 100,
„	„ 84°	„	24 : 100,
Diphenylarsinsäure	„ 27°	„	0,28 : 100.

Zeigt sich die Löslichkeit der Arsensäure durch den Eintritt von ein und zwei Phenylkernen schon wesentlich geändert, so wird sie durch den Eintritt von Substituenten in die Phenylkerne noch weiter herabgesetzt bzw. wieder erhöht. Vgl. z. B. (Kap. VI) die leicht lösliche Oxyphenylarsinsäure mit der schwerlöslichen Nitrophenylarsinsäure.

Die Arsinsäuren reagieren in ihren wässerigen Lösungen kräftig sauer und vermögen sich mit einem Äquivalent Alkali zu neutral reagierenden, sauren Salzen zu vereinigen: $RAs\begin{smallmatrix}-OH\\=O\\-ONa\end{smallmatrix}$. Die Natronsalze sind meistens durch Fällen der konzentrierten, wässerigen Lösung mit Alkohol in schön krystallisierter Form zu erhalten, z. B. das Atoxyl $H_2N\langle\rangle As\begin{smallmatrix}-OH\\=O\\-ONa\end{smallmatrix}$ $4\,H_2O$, das Arsacetin und das oxyphenylarsinsaure Natron. Wie die Alkalien, ersetzen auch die Erdalkalien 1 Wasserstoff und bilden saure Salze. Z. B.:

$$\begin{array}{l} C_6H_5As\begin{smallmatrix}-OH\\=O\end{smallmatrix} \\ \quad\quad\quad\begin{smallmatrix}-O\\-O\end{smallmatrix}\!>Ca \\ C_6H_5As\begin{smallmatrix}=O\\-OH\end{smallmatrix} \end{array}$$

Diese Salze fallen, wenn man die ammoniakalischen Lösungen der Arsinsäuren mit dem Erdalkalisalz erwärmt, als Niederschlag aus. Wichtig sind besonders die Magnesiumsalze, die beim Erhitzen einer Arsinsäure mit Magnesiamixtur sich abscheiden und zur Isolierung gute Dienste leisten[1]), insbesondere wenn es nötig ist, von Arsensäure zu trennen, welche schon in der Kälte durch Magnesiamixtur ausgefällt wird, oder von Diphenylarsinsäuren, welche überhaupt keinen Niederschlag geben. Nach dem Arzneibuch darf Atoxyl bei mehrstündigem Stehen mit Magnesiamixtur keinen Niederschlag geben, wodurch die Abwesenheit von freier

[1]) Dehn, C. 1905, I/800.

Arsensäure erwiesen werden soll. Nach dem Gesagten ist zu beachten, daß beim Erwärmen das Atoxyl selbst als Magnesiumsalz gefällt wird. Neben dem sauren Salz bildet Calcium auch ein neutrales Arsinsäuresalz. Die p-Chlorphenylarsinsäure wird durch ein charakteristisches Kobaltsalz isoliert[1]). In den Salzen mit Schwermetallen sind beide Wasserstoffe ersetzt, z. B. im Silbersalz $RAs{\lt}^{OAg}_{OAg}{=}O$ [2]), im Kupfersalz und im Bleisalz. Mit Quecksilber bildet die p-Aminophenylarsinsäure ein saures Salz, welches Gegenstand einer reichen Literatur ist[3]). Seine Formel wird folgendermaßen angenommen:

$$NH_2-C_6H_4-\underset{O\quad OH}{\overset{}{As}}-O-Hg-O-\underset{O\quad OH}{\overset{}{As}}-C_6H_4-NH_2$$

Doch ist neben diesem „neutralen“ noch ein „basisches“ Salz beschrieben. Das „atoxylsaure Quecksilber“ ist in Wasser unlöslich, kann aber durch einen Zusatz von Kochsalz leicht löslich gemacht werden, auch kann es in Glycerin gelöst werden.

Durch salzbildende Substituenten im Benzolkern wird natürlich der Aciditätsgrad erhöht, z. B. bildet die Salicylarsinsäure ein Dinatriumsalz.

Die Nitrooxyphenylarsinsäure bildet ein gegen Phenolphthalein neutral, gegen Lackmus alkalisch reagierendes Trinatriumsalz[4]).

Der amphotere Charakter des fünfwertigen Arsens zeigt sich in der Änderung der Acidität, wenn man die OH-Gruppen der Arsensäure fortschreitend durch den nur schwach sauren Phenylrest ersetzt. Die Diphenylarsinsäure hat neben dem sauren einen schwach basischen Charakter. Sie bildet einesteils Metallsalze von der Formel $(C_6H_5)_2As{\lt}^{OMe}{=}O$, anderenteils aber auch Ver-

---

1) D. R. P. 205 449 (Speyerhaus).

2) Von der p-Aminophenylarsinsäure ist auch ein Monosilbersalz hergestellt. (Silberatoxyl von Ferd. Blumenthal, Therap. d. Gegenwart 1911, S. 388.)

3) Vgl. Mameli und Ciuffo und D. R. P.: A. G. F. A., Bayer, Wolff; Engl. P. von May, Baker und Bates.

4) B. 44/3447.

bindungen mit Säuren. So kennt man ein Diphenylarsinsäurenitrat[1] $(C_6H_5)_2As{\overset{\diagup ONO_3}{\diagdown\!=O}}$, das durch Einwirkung von kalter, konzentrierter Salpeter-Schwefelsäure auf Diphenylarsinsäure entsteht. Die Dibenzylarsinsäure ist noch basischer, sie bildet auch ein Salzsäureadditionsprodukt[2]:

$$(C_6H_5 \cdot CH_2)_2As\begin{matrix}-OH\\-OH\\-Cl\end{matrix}$$

Die tertiären Arsinoxyde haben den basischen Charakter noch ausgesprochener: sie verbinden sich überhaupt nicht mit Alkali, jedoch leicht mit Säuren[3]. Z. B.:

$$(C_6H_5)_3As\begin{matrix}\diagup OH\\ \diagdown NO_3\end{matrix} \quad \text{und} \quad (C_6H_5)_3As\begin{matrix}\diagup NO_3\\ \diagdown NO_3\end{matrix}$$

Einige Ester der Phenylarsinsäure sind von Michaelis [und Fromm[4])] durch Umsetzung von Jodalkyl mit phenylarsinsaurem Silber hergestellt worden, z. B. $C_6H_5AsO(OCH_3)_2$. Mit Wasser zerfallen sie sofort.

Mit Schwefelwasserstoff behandelt, gehen die Arsinsäuren in schwefelhaltige Produkte über, die in Kap. V näher beschrieben sind.

Jodwasserstoff (spez. Gew. 1,7) führt nach Patta und Caccia[5]) bei vorsichtigem Erwärmen die p-Aminophenylarsinsäure über in $NH_2C_6H_4AsJ_4$.

Bei kräftigerer Behandlung machen die Arsinsäuren wie die Arsensäure aus Jodwasserstoff Jod frei, indem sie selbst zu Arsenoxyden reduziert werden. Überhaupt werden durch schwach wirkende Mittel wie auch Phenylhydrazin oder schweflige Säure die Arsinsäuren bis zur Arsenoxydstufe reduziert[6]). Durch die intensivere Einwirkung von Zinnchlorür, phosphoriger Säure und Hydrosulfit geht die Reduktion weiter bis zu den Arseno-

---

[1]) A. 321/151.

[2]) A. 233/89; durch den Einfluß des Chlors am Arsen ist hier ein Derivat einer dreifach hydroxylierten Arsinsäure beständig.

[3]) A. 321/165.

[4]) A. 320/294.

[5]) C. 1911, II/1158.

[6]) Näheres über die Reduktionen vgl. bei den einzelnen Reduktionsprodukten.

verbindungen. Aus Diarylarsinsäuren werden entsprechend mit phosphoriger Säure die Tetraaryldiarsine erhalten (Kap. III, 5), und aus den Triarylarsenoxyden die tertiären Arsine. Durch amalgamiertes Zink wird bis zu den primären bzw. sekundären Arsinen reduziert.

Die Bildung der bei den substituierten Phenylarsenverbindungen stets gelb ausfallenden Arsenokörper empfiehlt Ehrlich und Bertheim[1]) als Reagens auf Arsinsäuren (primäre). Zur Unterscheidung von den durch Hydrosulfit momentan reduzierten Arsenoxyden tritt die Fällung bei den Arsinsäuren erst durch Erwärmen oder längeres Stehen ein. Über einen ähnlichen Unterscheidungsvorschlag vgl. Covelli[2]).

2. Arylarsenoxyde.

$RAs{=}O$	$\begin{matrix} R_2As \\ R_2As \end{matrix}\!\!>\!O$
primär	sekundär

Benennung:

Monoarylarsenoxyde, Diarylarsenoxyde.

Bildung: Die Arsenoxyde sind nicht direkt synthetisch zugänglich, man gewinnt sie durch Umsetzung der auf verschiedene Weise synthetisch erhaltenen Halogenverbindungen mit Carbonaten (Michaelis). Z. B.:

$$RAsCl_2 + Na_2CO_3 = R \cdot As{=}O + 2\,NaCl + CO_2$$

$$2\,R_2AsCl + Na_2CO_3 = (R_2As)_2O + 2\,NaCl + CO_2$$

Benzylarsenchlorür wird durch Wasser völlig gespalten[3]) und das Oxyd ist noch nicht dargestellt.

Der neuerdings wichtiger gewordene Weg führt zu den Arsenoxyden durch gemäßigte Reduktion der direkt zugänglichen Arsinsäuren. Jodwasserstoff ist das zuerst angewandte Mittel; La Coste[4]) verwandelte Benzarsinsäuren durch Kochen mit wässerigem Jodwasserstoff unter Zusatz von Phosphor in Benz-

[1]) B. 44/1261.
[2]) C. 1910, II/23.
[3]) A. 233/91.
[4]) A. 208/13.

arsinjodür, welches dann weiter in benzarsenige Säure übergeführt werden kann:

$$COOH \cdot C_6H_4 \cdot AsO_3H_2 \rightarrow COOH \cdot C_6H_4 \cdot AsJ_2 \rightarrow$$

$$\rightarrow COOH \cdot C_6H_4 \cdot As{}^{OH}_{OH}$$

Ebenso erhielt er aus Phenylarsinsäure das Jodür[1]) usw.; ähnlich läßt sich die Dibenzarsinsäure reduzieren. Ehrlich und Bertheim[2]) haben diese Methode durch gleichzeitiges Einleiten von SO_2 zur Reduktion des gebildeten Jods verbessert. Weiter wurde von ihnen Phosphortrichlorid[3]) und Thionylchlorid verwendet. Mit Phenylhydrazin wurde die Reduktion der in heißem Methylalkohol gelösten p-Aminophenylarsinsäure, sowie der p-Oxyphenylarsinsäure ausgeführt.

Die Benzoldiarsinsäure wird nach Bart[4]) mit Hilfe von schwefliger Säure und Jodwasserstoff zum Diarsenoxyd reduziert.

Auf folgendem Umweg reduzierten Michaelis und Lösner[5]) die m-Nitrophenylarsinsäure zur m-nitrophenylarsenigen Säure.

$$NO_2C_6H_4AsO_3H_2 \xrightarrow[\text{Kap.}]{\text{s. folg.}} NO_2C_6H_4As{=}AsC_6H_4NO_2 + 4\,Cl_2 \rightarrow$$

$$\rightarrow NO_2C_6H_4AsCl_4 + \text{überschüssiges } NO_2C_6H_4As{=}AsC_6H_4NO_2 \rightarrow$$

$$\rightarrow NO_2C_6H_4AsCl_2 + \text{Alkali} \rightarrow NO_2C_6H_4As{}^{OH}_{OH}$$

Eigenschaften. Die Arsenoxyde sind als substituierter Arsenik anzusehen. Das Verhältnis des Arseniks zur Arsensäure findet sich — modifiziert — auch in dem Verhältnis der Arsenoxyde zu den Arsinsäuren wieder: Geringere Löslichkeit im Wasser, weniger Neigung Hydrate zu bilden, geringere Acidität, größere Giftigkeit und Heilwirkung.

Die Arylarsenoxyde sind durch ihren äußerst unangenehmen Reiz auf die Schleimhaut charakteristisch, durch den schon kleine Mengen der umhergestäubten, trockenen Substanz sogleich sich

---

1) A. 208/13 Fußnote.

2) B. 43/919, auch für das Folgende. Ferner D. R. P. 206 057, 212 205, 213 594, 235 391 (Farbwerke Höchst).

3) Vgl. auch Öchslin, Kap. IV.

4) D. P. Anm. B. 60 657 $O{=}As \cdot C_6H_4 \cdot As{=}O$.

5) B. 27/269.

bemerkbar machen. In Berührung mit Wasser tritt diese Wirkung nur beim Kochen hervor; das Phenylarsenoxyd ist etwas mit Wasserdampf flüchtig.

Die Arsenoxyde sind nicht so leicht wie die Arsinsäuren krystallisiert zu erhalten, sie zeigen Neigung zum Verharzen, die durch NH_2 und OH substituierten noch in erhöhtem Maße. Sie sind meistens durch einen scharfen Schmelzpunkt zu charakterisieren, der stets niedriger liegt als der der dazugehörigen Arsinsäure.

In Wasser sind sie wenig oder gar nicht löslich.

Das p-Aminophenylarsenoxyd enthält Krystallwasser und zeigt, von diesem befreit, einen höheren Schmelzpunkt[1]). Konstitutionswasser zu binden, also als Hydrat $RAs\langle{}^{OH}_{OH}$, arylarsenige Säure oder $R_2As—OH$, diarylarsenige Säure aufzutreten, vermögen die Arsenoxyde im allgemeinen nicht, wodurch sie sich als substituierter Arsenik kennzeichnen.

Eine Ausnahme bilden die durch stark saure Gruppen[2]) im Kern substituierten Derivate: m-[3]) und p[4]-)nitrophenylarsenige Säure, benzarsenige Säure[5]), dibenzarsenige Säure[6]) u. a. Die benzarsenige Säure geht beim Erhitzen auf 145° ins Anhydrid über: $COOHC_6H_4As\langle{}^{OH}_{OH} = COOHC_6H_4As{=}O + H_2O$. Acet-p-aminophenylarsenoxyd existiert in einer wasserfreien und in einer krystallisierten, wasserhaltigen Form. Ob hier eine Hydratform vorliegt, darüber findet sich in der Veröffentlichung[7]) keine Angabe.

Die Hydratform ist sonst bei den Oxyden in Form der Ester zu isolieren, welche von Michaelis[8]) als leicht mit Wasser in ihre beiden Bestandteile zerlegbare Flüssigkeiten beschrieben sind. Er stellte sie dar durch Einwirkung von Natriumalkylaten oder

---

[1]) B. 43/921.

[2]) Vgl. die Beständigkeit von $ClAs(OH)_2$, während Hydrate des Arseniks nicht existieren. A. 320/274.

[3]) B. 27/269.

[4]) P. Anm. B. 57 015 (Barth).

[5]) A. 208/14.

[6]) A. 208/25.

[7]) B. 44/1074.

[8]) A. 320/286, 321/143.

-phenolaten auf die Chlorarsine, z. B. $C_6H_5AsCl_2$ in Xylollösung. Z. B. Phenylarsenigsäuredimethylester $C_6H_5As{OCH_3 \atop OCH_3}$ und Diphenylarsenigsäurephenolester $(C_6H_5)_2AsOC_6H_5$.

Die Acidität der Arylarsenoxyde ist geringer als die der Arsinsäuren. Sie lösen sich nicht oder kaum in Soda und Ammoniak, leicht aber in Ätzalkalien. Man reinigt sie durch Auflösen in Alkalilauge und Ausfällen mit Chlorammon oder vorsichtigen Zusatz von Säure.

Die Haftfestigkeit des Arsenrestes erscheint in den Oxyden gelockert. Beim kurzen Aufkochen der verdünnten salzsauren Lösung des p-Aminophenylarsenoxyds, ja beim Stehen seiner weinsauren Lösung bildet sich neben Anilin und Arsenik reichlich Triaminotriphenylarsin[1]) — wohingegen p-Aminophenylarsinsäure lange mit verdünnter Salzsäure ohne Zersetzung gekocht werden kann. Den gleichen Zerfall erleiden alle Arsenoxyde beim Erhitzen, im großen und ganzen nach der Gleichung:

$$3\,RAs{=}O = R_3As + As_2O_3$$

Das p-Aminophenylarsenchlorür zerfällt beim trocknen Erhitzen wie folgt[2]): HCl, $NH_2C_6H_4AsCl_2 = AsCl_3 + C_6H_5NH_2$.

Ein Phenylarsenimid $C_6H_5As{=}NH$, von Michaelis[3]) dargestellt aus Phenylchlorarsin und Ammoniak, wird als eine gegen Feuchtigkeit sehr empfindliche Krystallmasse beschrieben; durch Wasser wird leicht Phenylarsenoxyd gebildet. Über das aus Anilin und Phenylchlorarsin entstehende Produkt vgl. Kap. IV.

Durch Schwefelwasserstoff in alkoholischer Lösung werden Sulfide erhalten, vgl. Kap. V.

Durch konzentrierte Halogenwasserstoffsäuren werden die primären Chlorarsine zurückgebildet. Z. B.:

$$RAs{=}O + 2\,HCl = RAsCl_2 + H_2O$$

Halogene werden addiert: es bilden sich die Oxychloride $RAsOCl_2$ und R_2AsOCl.

---

[1]) B. 43/923.
[2]) B. 44/1070.
[3]) A. 320/291.

Als Mittelglied zwischen den Arsenoverbindungen und den Arsinsäuren lassen sich die Arsenoxyde in beide überführen:

$$RAs{=}AsR \rightarrow RAs{=}O \rightarrow RAsO_3H_2$$

Die Oxydation[1]) wird mit Wasserstoffsuperoxyd in alkalischer oder mit Jod in essigsaurer Lösung ausgeführt. Auch sind aus den eben erwähnten Anlagerungsprodukten der Halogene leicht die Arsinsäuren zu gewinnen. Die leichte Oxydierbarkeit z. B. des p-Aminophenylarsenoxyds zeigt sich darin, daß es Tollenssche Silberlösung reduziert, desgleichen Fehlingsche Lösung beim Kochen.

Durch Reduktionsmittel sind — leichter wie aus den Arsinsäuren selbst — die Arsenoverbindungen zugänglich. (Über die Unterscheidungsreaktion vgl. Kap. III/1.) Verwendet werden Zn, Sn, $SnCl_2 + HCl$, Natriumamalgam, phosphorige Säure und Natriumhydrosulfit.

Über die Umsetzungen, bei denen die Monoarylarsenoxyde in Diarylarsinsäuren übergehen, sich also ganz wie der Arsenik selbst verhalten, der in alkalischer Lösung mit Jodalphyl eine Alphylarsinsäure gibt, ist schon bei Gelegenheit der Meyerschen Reaktion in Kap. II/3 gesprochen worden. Dort ist erwähnt, daß diese Umsetzung in der aliphatischen Reihe von Auger studiert worden ist, und daß ein aromatisches Analogon für diese Reaktion nur in der von Ehrlich und Bertheim aufgefundenen Umsetzung zwischen Monochloressigsäure und p-Aminophenylarsenoxyd vorliegt, welche zu folgender Diarsinsäure führt:

$$\begin{matrix} NH_2 \cdot C_6H_4 \\ COOH \cdot CH_2 \end{matrix} \!\!>\! As \begin{matrix} \diagup OH \\ = O \end{matrix}$$

Hier ist ferner zu erwähnen, daß wie der Arsenik, so auch die Arylarsenoxyde mit Diazolösung reagieren, nur bilden sich dabei die Diarsinsäuren, bzw. wenn man von sekundären Arsenoxyden ausgeht, die Triarylarsinoxyde, vgl. Kap. II/4.

---

[1]) Näheres über Oxydation und Reduktion vgl. unter Arylarsinsäuren und Arsenoverbindungen.

3. Dihydroxyarsenoverbindungen.

Es wären hier nun weiter diese in der Tabelle S. 3 unter 3. genannten Verbindungen zu besprechen. Es kann jedoch hier nur auf das D. R. P. 206 057 (Farbwerke Höchst) hingewiesen werden, wonach aus p-Aminophenylarsenoxyd durch Reduktion mit Natriumamalgam in methylalkoholischer Lösung ein hellgelber Körper vom Schmelzpunkt 227° erhalten wird, dem die Formel zugesprochen ist:

$$NH_2 \cdot C_6H_4 \cdot \underset{OH}{\underset{\cdot}{As}}-\underset{OH}{\underset{\cdot}{As}} \cdot C_6H_4 \cdot NH_2$$

B. 44/1262 wird jedoch dasselbe Reduktionsverfahren ohne wesentlichen Unterschied beschrieben mit p-Arsenoanilin vom Schmelzpunkt (Smp.) 260° als Reaktionsprodukt. (Nach D. R. P. 206 057 139°?)

Es muß daher die Existenz dieser Körperklasse vorläufig als fraglich hingestellt werden.

4. Arsenoverbindungen.

$$RAs = AsR$$

Arsenobenzol, Arsenotoluol usw.

Die Arsenoverbindungen beanspruchen durch ihre therapeutische Bedeutung besonderes Interesse.

Bildung. Ihre Herstellung ist nicht auf so vielen Wegen möglich wie die der analogen Azoverbindungen: RN = NR. Man gewinnt sie durch Reduktion aus den höheren Oxydationsstufen, den Arsenoxyden und Arsinsäuren:

$$\text{I.} \quad 2\,RAs{=}O + 2\,H_2 = RAs{=}AsR + 2\,H_2O$$

$$\text{II.} \quad 2\,RAsO_3H_2 + 4\,H_2 = RAs{=}AsR + 6\,H_2O$$

Während die Arylarsenoxyde leicht in die Arsenoverbindungen überzuführen sind, ist zur Reduktion der Arsinsäuren eine energischere Einwirkung vonnöten. Die wichtigsten Reduktionsmittel sind folgende:

für Arsenoxyde:	für Arsinsäuren:
1. Phosphorige Säure.	1. Phosphorige Säure (unter Druck)
2. Zinnchlorür und Salzsäure (in der Kälte).	2. Zinnchlorür und Salzsäure (+ HJ).
3. Natriumamalgam.	3. Natriumhydrosulfit (in der Wärme).
4. Natriumhydrosulfit (in der Kälte).	

Die phosphorige Säure ist das von Michaelis bevorzugte Mittel. Michaelis und Schulte[1]) stellten den ersten Vertreter der Körperklasse, das Arsenobenzol selbst, aus Phenylarsenoxyd durch Erwärmen mit phosphoriger Säure in alkoholischer Lösung dar. Aus Phenylarsinsäure wurde das Arsenobenzol mit dem gleichen Reduktionsmittel erhalten, wenn man die wässerige Lösung im Einschlußrohr auf 180° erhitzte[2]). Die Nitrophenylarsinsäure wurde so bei 115° reduziert usw. Diese Methode ist für eine große Anzahl homologer und substituierter Arsenobenzole ausgearbeitet.

Für die weit empfindlicheren, durch NH_2 und OH substituierten Arsenobenzole ist jedoch dieses Verfahren zu energisch. Das Universalmittel ist hier Natriumhydrosulfit[3]). In neutraler Lösung bewirkt es bei den Arsenoxyden momentan, bei den Arsinsäuren, wenn man gelinde erwärmt oder länger stehen läßt, die gelbe Fällung der Arsenoverbindung. So wird eine neutrale Lösung von m-nitro-p-oxy-phenylarsinsaurem Natrium und Hydrosulfit bei Gegenwart von Magnesiumchlorid auf 50° erwärmt, und nach kurzer Zeit beginnt sich das gelbe Dioxydiaminoarsenobenzol abzuscheiden, die Base des Salvarsans[4]). Es wird hier gleichzeitig mit der Arsensäuregruppe auch die Nitrogruppe reduziert:

OH, NO_2, AsO_3H_2 (Benzolring) → OH, H_2N … OH, NH_2 (zwei Benzolringe), As=As

[1]) B. 14/912.
[2]) B. 15/1952.
[3]) Ehrlich und Bertheim, B. 44/1264.
[4]) D. R. P. 224 953 (Farbwerke Höchst); B. 45/761, Ehrlich und Bertheim.

Das Arsenoanilin $NH_2C_6H_4As = AsC_6H_4NH_2$ fällt bei der Hydrosulfitreduktion als basisches Sulfit aus und wird daraus durch Natronlauge freigemacht[1]). In den Patenten der Farbwerke Höchst[2]) ist stets ein sehr großer Überschuß an Hydrosulfit vorgeschrieben. Die m-oxy-p-aminophenylarsinsäure wird nach einem der jüngsten Patente[3]) nur mit einem geringen Überschuß an Hydrosulfit reduziert. Oxalylarsinsäure wird in Natriumacetatlösung aufgelöst und mit Hydrosulfit versetzt. Die Reduktion geht dann bei —15° in 24 Stunden vor sich[4]). Den Arsenoverbindungen aus dem Hydrosulfitverfahren haften leicht schwefelhaltige Substanzen an, was aber durch Zusatz von Magnesiumchlorid eingeschränkt werden kann[5]). Außerdem sind die nach diesem Verfahren erhaltenen Arsenoverbindungen vielfach in höherem Maße veränderlich und oxydabel als die auf anderem Wege dargestellten.

Natriumamalgam[6]) reduziert glatt z. B. p-aminophenylarsenoxyd in methyl-alkoholischer Lösung zu Arsenoanilin. Dagegen greift es die Arsinsäuren gar nicht an, daher denn auch die m-Nitrophenylarsinsäure zur m-Aminophenylarsinsäure unter Erhaltung des Arsensäurerestes reduziert werden kann.

Mit Zinnchlorür-Salzsäure lassen sich die Arylarsenoxyde überaus leicht in die Arsenoverbindungen verwandeln. Besonders bequem ist dies im Falle des p-Aminoarsenoxyds; aus der kalt gehaltenen Reduktionsmischung scheidet sich das Dichlorhydrat des Arsenoanilins als schön gelber Niederschlag aus. Arsinsäuren werden beim Erwärmen gleichfalls durch dieses Reagens zur Arsenoverbindung reduziert.

Zur Reduktion der p-Aminophenylarsinsäure, bei der man wegen Zersetzungsgefahr nicht höher erwärmen darf, läßt man entweder längere Zeit bei 40° stehen[7]) und fällt die Arsenobase mit überschüssiger Natronlauge aus, oder aber es wird etwas Jodwasserstoff zugesetzt. Dadurch wird ein geringer Teil bis zur

---

[1]) B. 44/1265.

[2]) D. R. P. 206 057, 212 205, 206 456, 216 270, 235 430, 244 789, 244 790.

[3]) D. R. P. 244 790.

[4]) D. R. P. 206 057.

[5]) B. 44/1265.

[6]) B. 44/12 62; A. 270/144; B. 45/762.

[7]) D. R. P. 206 057 (Farbwerke Höchst).

Arsenoxydstufe reduziert, welche dann leicht vom Zinnchlorür weiter angegriffen wird; aus dem dabei entstandenen Jod regeneriert das Zinnchlorür immer wieder den Jodwasserstoff — und das Resultat ist, daß man mit einem Zusatz von wenig HJ eine glatte Reduktion in der Kälte erreicht[1]).

Nach Palmer und Dehn[2]) bildet sich Arsenobenzol anscheinend auch aus Monophenylarsin, wenn man es der Luftoxydation aussetzt.

Ein neuer Weg zu den Arsenoverbindungen wird im Engl. Pat. 11 901 [1911[3])] der Farbwerke Höchst beschrieben. Man bringt primäre Arsine mit Arylarsenoxyden, -oxydhydraten oder -chlorüren in salzsaurer Lösung zusammen; die Arsenoverbindung bildet sich dann nach den Gleichungen:

$$Ar'AsH_2 + Ar''AsO = Ar' \cdot As{=}As \cdot Ar'' + H_2O$$

$$Ar'AsH_2 + Ar''As(OH)_2 = Ar' \cdot As{=}As \cdot Ar'' + 2\,H_2O$$

$$Ar'AsH_2 + Ar''AsCl_2 = Ar' \cdot As{=}As \cdot Ar'' + 2\,HCl$$

Auf diesem Wege kann man auch zu den bisher unbekannten gemischten Arsenoverbindungen gelangen.

Eigenschaften. Die Arsenoverbindungen stehen den Azoverbindungen an Stabilität weit nach. Die As=As - Bindung ist weit reaktionsfähiger als die N=N - Bindung, wie aus dem nun Folgenden deutlich hervorgehen wird.

Die Arsenobenzole sind in ihren einfachen Vertretern als farblos beschrieben, die durch NH_2, OH usw. substituierten sind sämtlich gelb gefärbt. Sie sind meistens schwer zum Krystallisieren zu bringen und haben große Neigung, besonders aus Lösung (z. B. das Arsenobenzol aus Chloroform, Benzol, Schwefelkohlenstoff) verharzt wieder herauszukommen. Durch einen Schmelzpunkt sind nur einige wie das Arsenobenzol selbst und seine Homologen, das Nitroarsenoxylol u. a. charakterisiert, während andere, z. B. das Arsenophenol, sich beim Erhitzen ohne Schmelzpunkt zersetzen. Wegen der Veränderlichkeit gelten die Angaben über den Schmelzpunkt überhaupt nur mit Vorbehalt[4]). Beim

---

[1]) B. 44/1266.

[2]) B. 34/3599.

[3]) Vgl. weiter E. P. 15 438 (1911). Ung. Pat. F 2784.

[4]) B. 44/1261; vgl. den Schmelzpunkt des Arsenoanilins, in der ebengenannten Arbeit zu 260°, in D. R. P. 206 057 zu 139—140° angegeben.

Erhitzen zerfallen die einfachen Arsenoverbindungen in Triarylarsin und freies Arsen.

Die Arsenoverbindungen sind in Wasser unlöslich, durch Einführung von NH_2- und OH-Gruppen sind sie in Säuren bzw. Alkalien löslich gemacht worden. Die Aminoarsenoverbindungen sind durch sehr schwer lösliche Sulfate charakterisiert[1]).

In trockenem Zustande sind die Arsenokörper im allgemeinen beständig; die therapeutisch wichtigen Arsenophenole[2]) und Arsenoaniline und besonders die Kombination beider im p,p′-Dioxy-m,m′-diaminoarsenobenzol:

OH OH

H_2N NH_2

As═As

der Base des Salvarsans, oxydieren sich leicht an der Luft zur (giftigeren) Arsenoxydstufe. Die Veränderung macht sich meistens durch eine Mißfärbung bemerkbar, in alkalischer Lösung tritt die Oxydation noch leichter ein[3]). Salvarsan, Arsenophenylglycin usw. werden in evakuierten oder mit Stickstoff gefüllten Ampullen in den Handel gebracht. — Weitere Oxydation führt leicht zu den Arsinsäuren, z. B. mit Wasserstoffsuperoxyd oder mit Jod[4]).

Ebenso wie den Sauerstoff nehmen die Arsenokörper auch Schwefel unter Spaltung des Moleküls auf. Erhitzt man Arsenobenzol mit 2 S, so erhält man je nach den Bedingungen C_6H_5AsS oder $(C_6H_5As)_2S_3$[5]). Dinitroarsenobenzol[6]) addiert beim Kochen mit Schwefelblume 4 S unter Bildung von 2 $NO_2C_6H_4AsS_2$.

Auch durch Einwirkung von Halogen wird das Molekül glatt gespalten, und es entstehen die primären Halogenarsine $C_6H_5AsCl_2$. Über ein Zwischenprodukt RAs · As · R vgl. Kap. IV.
Hal Hal

[1]) B. 44/1071.

[2]) Näheres über die hier genannten Körper Kap. VI.

[3]) In saurer oder alkalischer Lösung zersetzt sich Salvarsan sogar bei völligem Luftabschluß unter Rotfärbung.

[4]) D. R. P. 224 953 (Farbwerke Höchst); B. 45/765.

[5]) B. 15/1952.

[6]) B. 27/270.

Ehrlich und Bertheim[1]) teilen einige vorläufige Beobachtungen mit, die auf eine durch die NH_2-Gruppe erhöhte Reaktionsfähigkeit der As=As-Bindung hindeuten: durch Einwirkung von Säuren entstehen stärker gefärbte Produkte, auch sollen sich Additionsreaktionen ausführen lassen, bei denen neue As—C-Bindungen entstehen.

5. Tetraaryldiarsine (Arylkakodyl).

$$\underset{\textstyle R}{R \cdot \dot{A}s}\text{—}\underset{\textstyle R}{\dot{A}s \cdot R}$$

Von diesen, dem Kakodyl $(CH_3)_2As—As(CH_3)_2$, dem ältesten Vertreter der organischen Arsenverbindungen überhaupt, korrespondierenden Körpern sind in der aromatischen Reihe nur wenige Vertreter bekannt. Michaelis und Schulte[2]) gewannen durch dasselbe Reduktionsmittel (phosphorige Säure), durch das sie Phenylarsenoxyd zum Arsenobenzol reduzierten, aus Diphenylarsenoxyd das Phenylkakodyl:

$$\left.\begin{matrix}(C_6H_5)_2As \\ (C_6H_5)_2As\end{matrix}\right\rangle O + H_2 = (C_6H_5)_2As—As(C_6H_5)_2 + H_2O$$

Es wird als eine weiße, krystallinische Masse beschrieben, welche sich an der Luft schnell zum Anhydrid der Diphenylarsinsäure oxydiert[3]):

$$(C_6H_5)_4As_2 + O_3 = (C_6H_5)_4As_2O_3$$

Oxydiert man mit stark kohlensäurehaltiger Luft, so läßt sich die Zwischenstufe, das Diphenylarsenoxyd fassen[4]).

Tetranitrodiphenyldiarsin[5]) und die entsprechende Tetraacetylamidoverbindung werden als ganz beständige Körper beschrieben. Über ein vermutliches Benzylkakodyl vgl. A. 233/86.

Hier sind weiter noch die Körper wie z. B. das Jodarsenobenzol $\underset{\textstyle J}{C_6H_5\dot{A}s}\text{—}\underset{\textstyle J}{\dot{A}sC_6H_5}$ und das Jodarsenoxylol zu erwähnen,

[1]) B. 44/1263.
[2]) B. 15/1954.
[3]) Kakodyl selbst entzündet sich an der Luft.
[4]) A. 321/148.
[5]) A. 321/149.

welche in Kap. IV näher beschrieben sind. Auch sie oxydieren sich leicht an der Luft.

6. Arsine.

$RAsH_2$	R_2AsH	R_3As	R_4AsX
Monoarylarsin	Diarylarsin	Triarylarsin	Tetraarylarsoniumverbindung

Von den aromatischen Arsinen sind die tertiären lange bekannt, während die sekundären und primären erst kürzlich in einigen Vertretern von Dehn und seinen Mitarbeitern dargestellt worden sind.

Die geringere Stabilität im Vergleich zu den analogen Stickstoffverbindungen, die wir beim Arsenobenzol schon konstatierten, finden wir bei den primären und sekundären Arsinen in besonderem Maße. An dieser leichten Zersetzlichkeit scheiterten viele frühere Darstellungsversuche. Palmer und Dehn[1]) haben nun phenylarsinsaures Calcium mit amalgamiertem Zinkstaub und Äther erwärmt; hierbei entstand das Monophenylarsin $C_6H_5AsH_2$. Es konnte aus der ätherischen Reaktionslösung durch Destillation unter Luftausschluß gewonnen werden. Es wird als ein stark lichtbrechendes Öl vom Siedepunkt 148° beschrieben, welches in konzentriertem Zustand nach Isonitril riecht, in der Verdünnung nach Hyacinthen. An der Luft oxydiert es sich, unter den Oxydationsprodukten befindet sich Arsenobenzol. Durch Einwirkung von Salpetersäure entsteht Phenylarsinsäure. Beim Erhitzen zerfällt es in Triphenylarsin und Wasserstoff.

Überschüssiges Alkyljodid wird addiert zu Phenyltriäthylarsoniumjodid[2]), mit C_6H_5J konnte eine Arsoniumverbindung nicht erhalten werden[3]).

Das Diphenylarsin $(C_6H_5)_2AsH$ wird nach Dehn und Wilcox[4]) aus Diphenylarsinsäure mit amalgamiertem Zinkstaub, wie eben beschrieben, gewonnen. Die ölige Base riecht unangenehmer als die primäre Verbindung und reizt die Schleimhaut.

---

[1]) B. 34/3598.

[2]) C. 1905, I/01.

[3]) Über neue Darstellungsweisen und Umsetzungen auch von substituierten, primären Arsinen vgl. die letzten Pat. der Farbwerke Höchst (Literaturverzeichnis).

[4]) C. 1906, I/738.

Sie ist noch viel empfindlicher gegen Sauerstoff, sie geht an der Luft augenblicklich in Diphenylarsenoxyd und Diphenylarsinsäure über. Beim dreistündigen Erhitzen auf 295° zerfällt sie in Triphenylarsin, Diphenyl, Arsen und Wasserstoff.

Die tertiären Arsine sind im Gegensatz zu den eben besprochenen Verbindungen sehr stabil und entstehen beim Erhitzen sehr vieler labilerer Verbindungen. Ferner treten sie in mehr oder minder großer Menge bei allen synthetischen Prozessen auf, bei welchen $AsCl_3$ verwendet wird. Ihre vorzügliche Darstellungsweise aus $AsCl_3$ und aromatischen Halogenverbindungen durch Natrium ist in Kap. II/7 besprochen worden. Ein gemischtes, tertiäres Arsin wie das Diphenyltolylarsin erhält man, wenn man Tolylarsinchlorid mit 2 Mol. Brombenzol und Natrium behandelt. Weitere Darstellungsweisen vgl. II/8. Auch entsteht, wenn man Quecksilberdiphenyl mit einem primären Chlorarsin erhitzt, das tertiäre Arsin. Gemischte aromatisch-aliphatische Arsine entstehen durch Einwirkung von Zinkalphyl auf das primäre Chlorarsin, z. B. p-Dimethyltolylarsin[1]) $CH_3C_6H_4As(CH_3)_2$ und Diphenyläthylarsin[2]), oder auch aus Arylarsensulfid und Quecksilberdialkyl, vgl. Kap. V.

Als vollständig phenylsubstituierte arsenige Säure ist ferner z. B. das Triphenylarsin durch Reduktion des Triphenylarsinhydroxyds zugänglich, nach Philips[3]) mit Zinn und Salzsäure, auch mit phosphoriger Säure[4]).

Tertiäre Arsine entstehen ferner, wie schon erwähnt, als Zerfallsprodukt beim Erhitzen vieler aromatischer Arsenverbindungen, so aus dem Monophenylarsin, dem Diphenylarsin, den Arsenobenzolen, den Arsenoxyden; aus p-Aminophenylarsenoxyd schon sehr leicht (s. Ste. 22). Endlich werden beim Erhitzen der Arsoniumhydroxyde neben dem entsprechenden Alkohol die tertiären Arsine gebildet.

Die tertiären Arsine sind schön krystallisierte, geruchlose Verbindungen. Die gemischten Basen besitzen jedoch einen widerlichen Geruch[5]), z. B. $C_6H_5As(CH_3)_2$. Die basischen Eigenschaften

---

[1]) A. 320/304.
[2]) A. 207/196.
[3]) B. 19/1032.
[4]) A. 321/180.
[5]) A. 207/205.

des AsH_3 sind in ihnen so weit herabgesetzt, daß sie nicht mehr in Säuren löslich sind.

Mit Platinchlorid und Quecksilberchlorid vereinigen sich die tertiären Arsine zu schwerlöslichen Doppelverbindungen.

Dimethylphenylarsin läßt sich nicht wie Dimethylanilin mit Benzaldehyd kondensieren [Holle[1])].

Die Halogene werden leicht in Chloroformlösung addiert zu krystallisierenden Dichloriden R_3AsCl_2 usw. (vgl. Kap. IV).

Schwefel wird beim Erhitzen in Schwefelkohlenstofflösung addiert zu R_3AsS (vgl. Kap. V).

Durch Oxydation werden die tertiären Arsinoxyde erhalten: R_3AsO.

Trianisylarsin geht beim Erwärmen mit Jodwasserstoff in Dianisylarsenjodür und weiter durch Alkali in Diphenylarsenoxyd über[2]):

$$(C_6H_4OCH_3)_3As + HJ \rightarrow C_6H_5OCH_3 + (C_6H_4OCH_3)_2AsJ \rightarrow$$

$$\rightarrow \begin{matrix} (C_6H_4OCH_3)_2As \\ (C_6H_4OCH_3)_2As \end{matrix} \!\!> O$$

Nach Versuchen, welche Krafft und Neumann[3]) über Verdrängungen in der Phosphorgruppe gemacht haben, wird beim Erhitzen von Triphenylarsin mit Phosphor im Einschlußrohr das Arsen durch den Phosphor verdrängt; es bildet sich Triphenylphosphin und Arsen. Andererseits verdrängt Arsen das Antimon, aus Triphenylstibin und Arsen erhält man Triphenylarsin und Antimon.

Die tertiären Arsine[4]) vermögen sich mit Jodalkylen zu Arsoniumverbindungen zu vereinigen:

$$R_3As + RJ = R_4AsJ.$$

Die Vereinigung gelingt nur unter bestimmten Bedingungen und beim Jodäthyl schlechter wie beim Jodmethyl. Mit den höheren Jodalkylen gelingt sie gar nicht. Eine Ausnahme bildet das m-Tritolylarsin, das auffallend leicht Jodalkyl addiert[5]);

---

[1]) B. 25/1518.
[2]) B. 20/50.
[3]) B. 34/568.
[4]) Über Arsoniumverbindungen aus primären Arsinen vgl. S. 30.
[5]) A. 320/284.

durch Addition von Benzylchlorid entsteht z. B. m-Tritolylbenzylarsoniumchlorid[1]) $(C_7H_7)_3As\langle^{CH_2C_6H_5}_{Cl}$. Über Arsoniumverbindungen aus gemischten, aliphatisch-aromatischen tertiären Arsinen, z. B. Diphenylmethyläthylarsoniumjodid, berichten Michaelis und Link[2]). Aus Benzylchlorid und Tribenzylarsin ist das Tetrabenzylarsoniumchlorid durch Erhitzen im Rohr auf 175° hergestellt worden [Michaelis und Paetow[3])].

Methylenjodid[4]) addiert sich an Triphenylarsin unter Bildung von $(C_6H_5)_3As\langle^{CH_2J}_{J}$.

Monochloressigsäure wird an Triphenylarsin beim Erhitzen addiert unter Bildung von $(C_6H_5)_3As\langle^{CH_2COOH}_{Cl}$ [Michaelis und Köhler[5])]. Durch Alkalien wird daraus das Arsoniumhydroxyd freigemacht, welches sehr leicht in ein Betain übergeht von der Formel:

$$(C_6H_5)_3As\langle^{CH_2}_{O}\rangle CO$$

Analog addieren sich Halogenketone an die Triarylarsine[6]).

Aus den Arsoniumjodiden bilden sich durch Addition von Chlor Jodidchloride[7]) R_4AsJCl_2.

Die Arsoniumbasen werden im allgemeinen aus den Halogeniden durch Silberoxyd freigemacht und können in krystallisierter Form isoliert werden. Als starke Basen ziehen sie beim Eindunsten ihrer Lösung an der Luft begierig Kohlensäure an und bleiben als Bicarbonate zurück[8]).

Beim Erhitzen zerfallen sie nach der Gleichung:

$$R_4AsOH = R_3As + ROH$$

---

[1]) A. 321/220.
[2]) A. 207/200.
[3]) A. 233/78; 341/225 (Mannheim).
[4]) A. 321/171.
[5]) B. 32/1567; ferner A. 320/276, 321/174.
[6]) A. 321/176.
[7]) A. 321/167.
[8]) A. 321/168.

IV. Die am Arsen halogenierten aromatischen Arsenverbindungen.[1]

1. Derivate der Arylarsenoxyde (bzw. des $AsCl_3$):

prim. $RAsHal_2$ z. B. Phenylchlorarsin,
sek. R_2AsHal „ „ Diphenylchlorarsin.

2. Derivate der Arylarsinsäuren (bzw. des $AsCl_5$):

			Oxyhalogenide
prim.	$RAsHal_4$	z. B. Phenyltetrachlorarsin	$RAsOHal_2$
sek.	R_2AsHal_3	„ „ Diphenyltrichlorarsin	$R_2AsOHal$
tert.	R_3AsHal_2	„ „ Triphenylarsindichlorid	$R_3As\langle^{OH}_{Hal}$

3. Jodarsenobenzol $\underset{J}{C_6H_5As}—\underset{J}{AsC_6H_5}$.

4. Arsoniumhalogenide R_4AsHal.

---

1. Die primären Halogenarsine $RAsHal_2$ werden nach den synthetischen Methoden 5, 6, 7 und 8 gewonnen. Aus den zugehörigen Arylarsenoxyden sind sie durch Behandeln mit konzentrierten Halogenwasserstoffsäuren zugänglich. Aus den Arsinsäuren entstehen sie bei der Reduktion mit HJ + P, PCl_3 usw. Z. B. erhielt Oechslin[2]) aus p-Benzarsinsäure mit PCl_3 in Chloroform: $COOHC_6H_4AsCl_2$ (Weiteres s. Kap. III/2). Michaelis und Lösner erhielten das m-Nitrophenylchlorarsin, indem sie die Tetrachlorverbindung mit überschüssigem Dinitroarsenobenzol behandelten[3]).

Die primären Halogenarsine der Kohlenwasserstoffe werden als teils feste, teils flüssige Körper beschrieben, die durch Destillation leicht in reinem Zustande erhalten werden können. Sie sind sehr giftig und üben einen starken Reiz auf die Schleimhaut aus; sie erzeugen ätzende Wunden, wenn sie auf die Haut gebracht werden.

---

[1]) Ausführlich A. 201/184 und 320/271.
[2]) C. 1911, II/1127.
[3]) Gleichung und Literatur S. 20.

In Wasser sind sie nicht löslich, auch werden sie nur wenig davon angegriffen. Nur die höheren Glieder werden langsam zersetzt nach der Gleichung:

$$RAsCl_2 + H_2O = RAsO + 2\,HCl$$

Durch Natriumcarbonat läßt sich diese Umwandlung ins Oxyd leicht ausführen. Durch Einwirkung von Ammoniak wird, wenn man Wasser ausschließt, das schon in Kap. III/2 erwähnte Phenylarsenimid gebildet. Durch Einwirkung von Aminen wird nur ein Chloratom ersetzt, und es entstehen Verbindungen von der Zusammensetzung[1]):

$$C_6H_5As\begin{smallmatrix}\diagup NHC_6H_5\\ \diagdown Cl\end{smallmatrix}$$

(aus Phenylchlorarsin und Anilin), die gegen Wasser sehr empfindlich sind. Benzylchlorarsin $C_6H_5CH_2AsCl_2$ ist im Gegensatz zu den rein aromatischen Chlorarsinen sehr unbeständig[2]). Durch Wasser, ja schon durch den Sauerstoff der Luft wird der Arsenrest völlig abgespalten.

Die sekundären Halogenarsine R_2AsHal erhält man, wenn man die primären mit dem entsprechenden Quecksilberaryl erhitzt, ferner bilden sie sich — in schlechter Ausbeute — beim Erhitzen der Verbindungen R_3AsHal_2 im luftverdünnten Raum, endlich durch Einwirkung von $^1/_2$ Mol. $AsCl_3$ auf die tertiären Arsine (vgl. Kap. II/7). Das Dianisylchlorarsin entsteht beim Erwärmen des tertiären Arsins mit Jodwasserstoff[3]).

Die sekundären Halogenarsine üben wie die primären einen intensiven Reiz auf die Haut aus. Sie sind fast sämtlich flüssig. Von Wasser werden sie nicht angegriffen, durch wässriges Alkali langsam, durch alkoholisches rascher in die Diarylarsenoxyde übergeführt.

Bei der Einwirkung von Phenolnatrium auf die primären und sekundären Halogenarsine bilden sich die schon in Kap. III/2 besprochenen Ester.

2. Durch Addition von Halogen an die soeben behandelten Verbindungen entstehen die Tetrahalogenide $RAsHal_4$ bzw.

[1]) A. 320/292.
[2]) A. 233/91.
[3]) B. 20/50 (Michaelis und Weitz).

die Trihalogenide R_2AsHal_3. Die Nitrohalogenarsine, welche infolge der sauren Nitrogruppe dem $AsCl_3$ näher stehen, nehmen nicht so leicht Halogen auf[1]). Michaelis und Lösner[2]) stellten das Nitrophenyltetrachlorarsin durch Addition von Chlor an die Arsenoverbindung in Chloroformlösung dar[3]). Die p-Aminophenylarsinsäure geht nach Patta und Caccia[4]) durch vorsichtiges Erwärmen mit HJ (s = 1,7) in das Tetrajodid über:

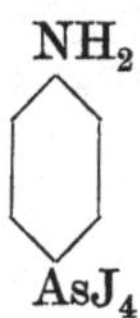

Die Tri- und Tetrahalogenide sind krystallisierende Verbindungen, welche mit Wasser sehr leicht in die primären bzw. sekundären Arylarsinsäuren verwandelt werden.

Läßt man nur 1 Mol. Wasser einwirken, so erhält man die Oxyhalogenide $RAsOHal_2$ bzw. $R_2AsOHal$. Diese können auch durch Addition von 1 bzw. 2 Mol. Halogen an die Mono- und Diarylarsenoxyde dargestellt werden.

Die Oxyhalogenide sind feste, nicht destillierbare Verbindungen, die mit Wasser gleichfalls leicht in die betreffenden Arsinsäuren übergehen. Beim Erhitzen zerfallen sie unter Bildung von AsOHal und RHal.

Die Halogenide der tertiären Arsine R_3AsHal_2 werden aus diesen durch Addition von Halogen in CCl_4 dargestellt[5]). Jod bildet nicht Dijodide, sondern Perjodide[6]) R_3AsJ_4.

Die meist schön krystallisierenden tertiären Dihalogenide gehen in Berührung mit Wasser, ja schon mit Alkohol in beständigere Oxyhalogenide $R_3As{<}^{OH}_{Hal}$ über; das eine der beiden Halogen-

[1]) A. 320/316.

[2]) B. 27/269.

[3]) Gleichung S. 20.

[4]) C. 1911, II/1158.

[5]) Auch ein Additionsprodukt von Halogen an einen Diphenylarsenigsäurephenolester ist dargestellt: (A. 321/144.)

$$\begin{matrix}(C_6H_5)_2\\C_6H_5O\end{matrix}{>}AsCl_2$$

[6]) A. 321/164.

atome zeigt sich also leichter beweglich. Durch Einwirkung von Alkalilauge werden beide Halogenatome ersetzt und man gelangt zu den tertiären Arsinoxyden.

3. Jodarsenobenzol $C_6H_5As-AsC_6H_5$ (an jedem As ein J) ist von Michaelis und Schulte[1]) bei der Reduktion von Phenylarsenjodür mit phosphoriger Säure in Alkohol erhalten worden. Ein analoges Jodarsenoxylol[2]) wurde durch Addition von Jod an Arsenoxylol dargestellt.

Diese kakodylähnlichen Verbindungen, die in schönen gelbroten Nadeln krystallisieren, sind sehr zersetzlich. Sie erscheinen als Abkömmlinge des nach Landsberger dimolekularen Arsendijodids $J_2As—AsJ_2$.

4. Die Arsoniumhalogenide R_4AsHal sind in Kap. III/6 im Anschluß an die Arsine besprochen worden.

V. Die am Arsen geschwefelten aromatischen Arsenverbindungen.[3])

	Monosulfide:	Disulfide usw.:	Sesquisulfide:
prim.	$RAsS$	$RAsS_2$	$(RAs)_2S_3$
sek.	$(R_2As)_2S$	$(R_2As)_2S_3$	$(R_2As)_2S_2$
tert.	—	R_3AsS	—

Die Monosulfide entsprechen dem As_2S_3, die Disulfide dem As_2S_5 und die Sesquisulfide dem hypothetischen As_2S_4 in der anorganischen Chemie.

1. Die Arylmonosulfide

werden aus den entsprechenden Oxyden dargestellt, indem man Schwefelwasserstoff in ihre alkalische Lösung einleitet:

$$C_6H_5AsO + H_2S = C_6H_5AsS + H_2O$$

bzw.

$$[(C_6H_5)_2As]_2O + H_2S = [(C_6H_5)_2As]_2S + H_2O$$

[1]) B. 14/912, 15/1953; vgl. B. 44/1267 Fußnote.

[2]) A. 320/337.

[3]) Lit. Schulte, B. 15/1955; Michaelis, A. 320/271 u. a. a. O.; Farbwerke Höchst, D. R. P. 205617.

In geringer Menge läuft eine Abspaltung von Arsen als As_2S_3 nebenher. Weiter sind die Monosulfide durch Addition von 2 S an die Arsenoverbindungen zugänglich[1]; die sekundären Monosulfide entstehen entsprechend aus den Kakodylverbindungen[2]. Endlich bilden sie sich in einzelnen Fällen durch die weiter unten zu besprechende Einwirkung von H_2S auf die Arylarsinsäuren, indem gleichzeitig mit dem Ersatz von O durch S eine Reduktion zur Phenylarsenoxydstufe eintritt; so wird die m-Nitrophenylarsinsäure nach Michaelis und Lösner[3]) durch Schwefelammon zum Aminophenylarsensulfid $NH_2C_6H_4AsS$ reduziert.

Die Monosulfide sind schön krystallisierende Verbindungen. Als schwache Säuren sind sie nur in kaustischen Alkalien löslich; aus ihren Lösungen werden sie durch Säuren wieder ausgefällt. Beim Kochen mit HCl wird der Schwefel abgespalten[4]. Von Mehrfach-Schwefelalkalien werden sie unter Aufnahme von Schwefel gelöst

$$2\,RAsS + S_2 + 4\,NaSH = 2\,RAsS\begin{matrix}SNa\\SNa\end{matrix}$$

Mit Quecksilberalkylen werden unter Wegnahme des Schwefels tertiäre Arsine gebildet, z. B.[5])

$$C_6H_5AsS + Hg(C_2H_5)_2 = C_6H_5As(C_2H_5)_2 + HgS \quad \text{(Schulte).}$$

2. Die Disulfide und 3. die Sesquisulfide.

Leitet man Schwefelwasserstoff in die ammoniakalische Lösung der Arylarsinsäuren, so werden die Ammonsalze der Sulfarsinsäuren gebildet $RAsS\begin{matrix}SNH_4\\SNH_4\end{matrix}$. Auf Zusatz von Salzsäure wird die Sulfarsinsäure freigemacht, welche jedoch nur in seltenen Fällen beständig ist, so z. B. das Sulfat der Aminotolylsulfarsinsäure[6]) $NH_2CH_3C_6H_3AsS\begin{matrix}SH\\SH\end{matrix}$, H_2SO_4.

---

[1]) B. 15/1953 (Michaelis und Schulte).
[2]) A. 321/146.
[3]) B. 27/271; vgl. jedoch B. 41/1656.
[4]) B. 27/272.
[5]) B. 15/1957.
[6]) A. 320/324.

Im allgemeinen jedoch wird auf Zusatz von Säure H_2S abgespalten, und es scheidet sich das dem Arsinobenzol $RAsO_2$ entsprechende Disulfid ab: $RAsS_2$ bzw. $(R_2As)_2S_3$. Auch diese Körper sind nur in einzelnen Fällen beständig, z. B. das p-Xylyl- und das Nitrotolylarsendisulfid[1]). Bei vielen Arsenkörpern tritt hingegen hierbei noch ein Schwefelatom aus, und es entsteht ein Sesquisulfid $(RAs)_2S_3$ bzw. $(R_2As)_2S_2$, worin der Schwefel scheinbar vierwertig auftritt. Michaelis gibt den ersteren die Formel

$$\begin{array}{l} R-As\diagup S \\ \quad\;\; | \;\; \rangle S \\ R-As\diagdown S \end{array}$$

Nach D. R. P. 205 617 (Farbwerke Höchst) können durch Veränderung der Bedingungen aus der p-Aminophenylarsinsäure die verschiedenen Sulfide erhalten werden. In mineralsaurer Lösung wird unter gleichzeitiger Reduktion das Monosulfid gebildet, in ammoniakalischer Lösung, wenn man nachher mit Säure ausfällt, das Sesquisulfid; Phenylglycinarsinsäure gibt in neutraler Lösung das Disulfid.

Die tertiären Sulfide werden durch Einleiten von H_2S in die alkoholische Lösung der tertiären Arsinoxyde dargestellt[2]).

Von den Arylarsenoxyden ausgehend, lassen sich die höher geschwefelten Derivate, wie wir in 1. sahen, durch Behandeln mit Schwefelalkali erhalten.

In analoger Weise nehmen die tertiären Arsine Schwefel auf unter Bildung der tertiären Sulfide R_3AsS. Einzelne tertiäre Arsine, zu denen das Trianisylarsin und das Trinaphthylarsin gehören, sind dieser Addition nicht fähig, welche sonst beim Erhitzen der Komponenten in Schwefelkohlenstofflösung erfolgt.

Die Disulfide werden weiter durch Behandeln der Arseno- bzw. der Kakodylverbindungen mit überschüssigem Schwefel erhalten.

Von den Eigenschaften der höher geschwefelten Produkte ist hervorzuheben, daß sie wie die Monosulfide schön krystallisierende Körper sind. Ihrer sauren Natur gemäß lösen sie sich leicht in Alkalien auf und werden aus solchen Lösungen durch Säure

[1]) In nicht ammoniakalischer Lösung bleibt die Nitrogruppe bei der Reduktion mit H_2S intakt.

[2]) Eine Ausnahme A. 321/185.

wieder abgeschieden. In den Alkalisalzen sind 2 H durch Metall ersetzt: $RS\begin{smallmatrix}SNa\\SNa\end{smallmatrix}$. Diese Salze bilden sich, wenn man die Disulfide in Alkali oder die Sesquisulfide in Schwefelalkali auflöst:

$$(C_6H_5As)_2S_3 + S + 4\,NaSH = 2\,C_6H_5As = S\begin{smallmatrix}SNa\\SNa\end{smallmatrix} + 2\,H_2S$$

Die Entschwefelung der bei der Reduktion von m-Nitrophenylarsinsäure auftretenden Sulfide (s. oben) hat Bertheim[1]) ausgeführt; er erreichte sie mit Hilfe von $Cu(OH)_2$.

VI. Weitere Substituenten im Benzolkern der aromatischen Arsenverbindungen.

Die Ära der aromatischen Arsenverbindungen in der Therapie wurde erst erschlossen, als es gelang, die Derivate herzustellen, welche neben dem Arsenrest noch eine Amino- und Oxygruppe in dem Benzolkern enthalten. Ehe diese therapeutisch günstigste Konfiguration gefunden war, sind zu den schon bekannten neue Kernsubstitutionsprodukte in weitem Umfange dargestellt und in ihren Eigenschaften untersucht worden.

Ihre Literatur ist eine so große und ihre Eigenschaften sind oft mit Rücksicht auf den am gleichen Benzolkern haftenden Arsenrest so speziell, daß sie gesondert betrachtet werden müssen.

Von den beiden möglichen Wegen, zu diesen Kernsubstitutionsprodukten zu gelangen, führt der erste, die Arsenierung eines bereits kernsubstituierten Körpers, nach den Michaelisschen Methoden nur zu den homologen Phenylarsenverbindungen. Nach den neueren Methoden (Kap. II) sind hier auch synthetisch viele Substitutionsprodukte zugänglich, wie sich im einzelnen ergeben wird.

Geht man von schon vorliegenden Benzolarsenverbindungen aus — dies ist der zweite Weg — und führt in sie die weiteren Substituenten ein, sucht diese wiederum weiterhin zu verändern, so ist zu beachten, daß der Arsenrest von oxydierenden oder reduzierenden Einflüssen im allgemeinen mit angegriffen wird und daß er Halogen und Schwefel aufnehmen kann.

---

[1]) B. 41/1655; D. R. P. 206 344 (Farbwerke Höchst).

Die Betrachtung im einzelnen wird nunmehr nach folgender Reihenfolge der Substituenten vorschreiten[1]):

1. Alkyl (Homologe).
2. Carboxylgruppe.
3. Sulfogruppe.
4. Halogene.
5. Hydroxylgruppe.
6. Nitrogruppe.
7. Aminogruppe.
8. Quecksilber.

---

1. Die **Homologen der Phenylarsenverbindungen** sind von Michaelis und seinen Mitarbeitern in großer Anzahl nach den synthetischen Methoden 5 bis 7 dargestellt und untersucht worden. Nach den übrigen synthetischen Methoden sind sie gleichfalls zugänglich. Auch die Arsenverbindungen des α- und β-Naphthylamins sind dargestellt worden [Michaelis[2]), Kelbe[3])].

Einem Einfluß der Seitenkette auf den Arsenrest sind wir schon mehrfach begegnet, so in Kap. III/6 bei den Arsoniumverbindungen und in Kap. V.

2. Die **Benzarsinsäuren** entstehen aus den eben genannten Homologen durch Oxydation der Seitenkette [La Coste[4])]. Als Oxydationsmittel dient Permanganat in alkalischer Lösung. Aus der Tolylarsinsäure entsteht so die Benzarsinsäure, aus der Xylylarsinsäure die Phthaloarsinsäure[5])

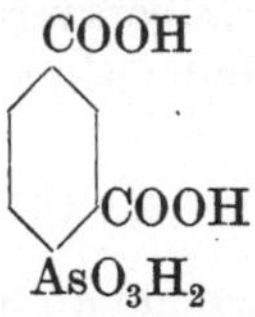

Die Carbonsäuren der tertiären Arsinoxyde werden aus den homologen tertiären Arsinen zweckmäßig durch Oxydation mit Salpetersäure (s = 1,2) im Einschlußrohr erhalten[6])

$$\begin{matrix} CH_3 \cdot C_6H_4 \\ (C_6H_5)_2 \end{matrix} As \rightarrow \begin{matrix} HOOC \cdot C_6H_4 \\ (C_6H_5)_2 \end{matrix} AsO$$

---

[1]) Kombinationen sind je nach dem Fall unter den einzelnen Substituenten aufgeführt.

[2]) A. 320/344.

[3]) B. 11/1503.

[4]) A. 208/1.

[5]) A. 320/335.

[6]) A. 321/190 Fußnote.

Aminobenzarsinsäuren sind aus den Toluidinarsinsäuren nach vorhergehender Acetylierung in gleicher Weise durch Oxydation zugänglich:

$$\underset{AsO_3H_2}{\overset{NH\cdot CO\cdot CH_3}{C_6H_3}}\!-CH_3 \rightarrow \underset{AsO_3H_2}{\overset{NH\cdot CO\cdot CH_3}{C_6H_3}}\!-COOH$$

[Adler[1]), Benda und Kahn[2])]. Die Benzarsinsäuren können auch aus den Aminophenylarsinsäuren erhalten werden, indem man die Aminogruppe nach Sandmeyer durch die Carboxylgruppe ersetzt[3]). Die synthetische Darstellung der Benzarsinsäuren ist durch die Bartsche Reaktion (Kap. II/4) ermöglicht; z. B. ist aus Anthranilsäure die o-Benzarsinsäure

$$\overset{COOH}{C_6H_4}\!-AsO_3H_2$$

dargestellt.

In den Benzarsinsäuren sind zwei salzbildende Gruppen vorhanden, vgl. die Salz $C_6H_4\begin{matrix}-COO\\-AsO\begin{matrix}O\\OH\end{matrix}\end{matrix}\!\!>Ca$ und $C_6H_4\begin{matrix}-COOAg\\-AsO\begin{matrix}OAg\\OAg\end{matrix}\end{matrix}$. La Coste[4]) beschreibt ein „übersaures Kalisalz“. Durch Erhitzen des Silbersalzes mit Jodmethyl stellte er einen Carboxylester her.

In der benzarsenigen Säure $HOOC\cdot C_6H_4As\begin{matrix}OH\\OH\end{matrix}$ tritt bei der Salzbildung das Metall anscheinend an die Carboxylgruppe. Einen Chininester stellte Oechslin[5]) dar, indem er $HOOC\cdot C_6H_4AsCl_2$ mit PCl_5 behandelte und das gebildete Carboxylchlorid mit Chinin umsetzte.

3. Von **sulfonierten Arsenverbindungen** ist nur ein Vertreter in der Literatur beschrieben: die Sulfonsäure des Triphenylarsenoxyds $(HO_3S\cdot C_6H_4)_3AsO$, von Michaelis[6]) aus dem Triphenyl-

---

[1]) B. 41/931; D. R. P. 215 251.
[2]) B. 41/3859; D. R. P. 203 717 (Farbwerke Höchst).
[3]) B. 41/1857.
[4]) B. 13/2178.
[5]) C. 1911, II/1127.
[6]) A. 321/186.

arsin durch Erhitzen mit konzentrierter Schwefelsäure erhalten und in Form ihres Baryumsalzes isoliert. Über die von Ehrlich erwähnte sulfonierte Arsanilsäure[1]) liegen chemische Angaben nicht vor.

4. Die **halogenierten Arsenverbindungen** sind nach der Bartschen Reaktion zugänglich (Kap. II/4). Durch die Arsensäureschmelze der Halogenaniline (Kap. II/1) kommt man zu halogenierten Arsanilsäuren.

Aus den Arsanilsäuren selbst werden sie erhalten, wenn man die Aminogruppe nach Sandmeyer durch Halogen ersetzt[2]), so die p-Jodphenylarsinsäure[3]) $J\langle\,\rangle AsO_3H_2$.

Über die Einwirkung von Halogen auf den Kern der aromatischen Arsenverbindungen finden sich in den älteren Arbeiten nur vereinzelte Angaben. So ist von Michaelis die Chlorierung von Xylylarsinsäure und von Nitro- und Aminosubstituierten Triphenylarsinen beschrieben.

Behandelt man die Aminophenylarsinsäuren mit Halogenen, so wird sehr leicht der Arsenrest durch Halogen ersetzt, z. B. gibt die p-Aminophenylarsinsäure, mit Brom in wässeriger Lösung behandelt, glatt Tribromanilin; stabiler ist die Metasäure, die sich bromieren läßt[4]). Doch ist unter besonderen Bedingungen auch die Halogenierung der Parasäure möglich, wie Bertheim[5]) gezeigt hat. In wasserfreien Lösungsmitteln oder mit Hypohalogenit arbeitend, stellte er mono- und dihalogenierte Arsanilsäure her:

NH_2 / Hal / AsO_3H_2 (Benzolring: NH_2 oben, Hal in ortho-Stellung, AsO_3H_2 unten)

NH_2 / Hal, Hal / AsO_3H_2 (Benzolring: NH_2 oben, beide ortho-Stellungen Hal, AsO_3H_2 unten)

Analog wird die Halogenierung der p-Oxyphenylarsinsäure mit Natriumhypochlorit- bzw. -bromitlauge ausgeführt. Aus den

---

[1]) B. 42/24.

[2]) B. 41/1856.

[3]) Blumenthal und Herschmann; Mameli und Patta, siehe Literaturverzeichnis.

[4]) B. 41/1656.

[5]) B. 43/529.

erhaltenen dihalogenierten Produkten wird z. B. das Tetrabromarsenophenol durch Reduktion gewonnen[1]):

OH OH

Br Br Br Br

As = As

Ein im Kern jodiertes Salvarsan wird in Ehrlich - Hata, Chemotherapie der Spirillosen, S. 36 erwähnt.

5. Von den **Oxyphenylarsenverbindungen** ist die p-Oxyphenylarsinsäure durch die Arsensäureschmelze von Phenol und nach der Bartschen Reaktion (Kap. II/2 und 4) auf synthetischem Wege zugänglich.

Von den Aminophenylarsinsäuren ausgehend, führt zu den Oxysäuren der bekannte Weg über die Diazoverbindung. Durch Diazotieren und „Umkochen" ist so unter anderem aus p- und o-Arsanilsäure die p[2])- und o[3])-Oxyphenylarsinsäure erhalten worden; ebenso die Salicylarsinsäure aus Anthranilarsinsäure[4]):

NH_2 OH

COOH → COOH

AsO_3H_2 AsO_3H_2

In gleicher Weise die Naphtolarsinsäure[5]).

Diese Reaktion versagt bei der m-Nitro-p-aminophenylarsinsäure (I s. unten); diazotiert man und erwärmt, so wird die Arsengruppe abgespalten[6]). Der Vergleich mit der nicht nitrierten Arsanilsäure, deren Diazoverbindung sich leicht umkochen läßt, zeigt, daß hier die metaständige Nitrogruppe einen auflockernden Einfluß auf die Arsingruppe ausübt.

---

[1]) D. R. P. 235 430 (Farbwerke Höchst).

[2]) Bertheim, B. 41/1854; D. R. P. 223 796 (Farbwerke Höchst); Barrowcliff, Pyman and Remfry, C. 1909, I/162.

[3]) Benda, B. 44/3305.

[4]) Adler, B. 41/931 D. R. P. 215 251; Kahn und Benda, B. 41/3863.

[5]) Adler, B. 41/934 und D. R. P. 205 775.

[6]) B. 44/3450 Fußnote.

Umgekehrt zeigt sich ein auflockernder Einfluß der Arsingruppe auf die Nitrogruppe hier in folgender Reaktion: Behandelt man die genannte Diazoverbindung (II) mit mineralsäurebindenden Mitteln, z. B. mit Natriumacetat, so wird die Nitrogruppe gegen Hydroxyl ersetzt[1]) (III).

Doch läßt sich auch die Aminogruppe in der m-Nitro-p-aminophenylarsinsäure gegen OH ersetzen; durch den Einfluß der benachbarten Nitrogruppe labil gemacht, wird sie beim Erwärmen mit 45 proz. Kalilauge als Ammoniak abgespalten[2]) (IV).

Die zuletzt genannten Reaktionen werden durch folgende Formelbilder veranschaulicht:

OH		NH_2		N=NX		N=NX
NO_2	←	NO_2	→	NO_2	→	OH
AsO_3H_2		AsO_3H_2		AsO_3H_2		AsO_3H_2
IV.		I.		II.		III.

(vgl. auch die Tabellen in 7.).

Den gleichen auflockernden Einfluß wie bei der zuletzt besprochenen Reaktion die Nitrogruppe übt auch der Arsensäurerest auf eine benachbarte Aminogruppe aus. Auch in der m-Nitro-o-aminophenylarsinsäure wird beim Erwärmen mit Kalilauge NH_2 durch OH ersetzt[3]):

NO_2		NO_2
H_2N	→	HO
AsO_3H_2		AsO_3H_2

In der m, m-Dinitro-p-aminophenylarsinsäure läßt sich der Austausch von NH_2 gegen OH gleichfalls bewirken[4]), nur muß man hier verdünntere Kalilauge (10 proz.) verwenden, weil stärkere Lauge weiterhin zersetzend einwirkt. Ebenso kann das Chloratom in der p-Chlor-m-nitrophenylarsinsäure durch Erwärmen mit Kalilauge gegen OH ausgetauscht werden[5]).

---

[1]) B. 44/3580 (Benda); D. R. P. 243 648 (Farbwerke Höchst).
[2]) B. 44/3450 (Benda).
[3]) B. 44/3295 (Benda).
[4]) B. 45/54 (Benda).
[5]) D. R. P. 245 536 (Farbwerke Höchst).

Die Oxygruppe macht die Arylarsinsäuren leichter löslich in Wasser; ihre Isolierung ist durch die große Löslichkeit erschwert. Das p-Arsenophenol[1]) bildet Alkalisalze, die mit alkalischer Reaktion in Wasser löslich sind. Durch Eintritt von Halogen in den Kern wird die Phenolgruppe saurer; die Alkalisalze der unter 4. aufgeführten Halogenarsenophenole reagieren in wässeriger Lösung neutral. Das p-Arsenophenol

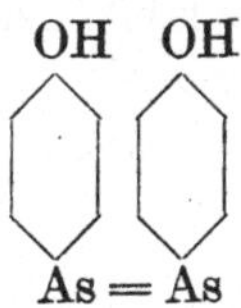

oxydiert sich außerordentlich leicht und ist deshalb nur schwierig herzustellen.

Von der p-Oxyphenylarsinsäure sind zahlreiche Phenoläther und -ester beschrieben worden. Die Acetylverbindung ist von Barrowcliff usw.[2]) hergestellt worden. Die Phenylglykolarsinsäure wird durch Umsetzen mit Chloressigsäure, die Phenylthioglykolarsinsäure durch Einwirkung des gleichen Reagens auf Thiophenolarsinsäure erhalten[3]). Die Thiophenolverbindung ihrerseits wurde aus der p-Aminophenylarsinsäure durch Diazotieren und Umkochen mit Xanthogenat gewonnen.

Phenoläther wie die Anisol- und Phenetolarsenverbindungen sind zum Teil von Michaelis untersucht. Sie sind auch nach der Bartschen Reaktion zugänglich, sowie aus der p-Diazophenylarsinsäure[4]) nach Sandmeyer.

Eine merkwürdige Beobachtung, die auf eine geringe Haftfestigkeit des Arsenrestes in der p-Oxyphenylarsinsäure schließen läßt, ist von Benda gemacht worden. Während die Säure sich mit Tetramethyldiaminobenzhydrol leicht in Orthostellung zur OH-Gruppe zu einem Triphenylmethanfarbstoff kondensieren ließ (I), trat beim Versuch, die Säure mit einer Diazoverbindung zu kuppeln, diese an Stelle der Arsengruppe in den Kern; der Arsenrest selbst wurde momentan abgespalten[5]) [II]:

---

[1]) D. R. P. 206 456 (Farbwerke Höchst).

[2]) C. 1909, I/162.

[3]) D. R. P. 216 270 (Farbwerke Höchst).

[4]) B. 41/1854 (Bertheim).

[5]) B. 44/3449.

OH

$CH \cdot <^{C_6H_4 \cdot N(CH_3)_2}_{C_6H_4 \cdot N(CH_3)_2}$

AsO_3H_2

I. (Leukobase.)

OH

N = NR

II.

6. Die **Nitroderivate** der aromatischen Arsenverbindungen sind, weil aus ihnen die wichtigen Aminoderivate durch Reduktion gewonnen werden können, eingehend untersucht worden.

Von synthetischen Methoden führt zunächst die Bartsche Reaktion, von Nitranilinen ausgehend, zu den Nitrophenylarsinsäuren (o- und p- Kap. II/4). Ferner kann man durch die Arsensäureschmelze von o- und p-Nitranilin zu zwei isomeren Nitroaminophenylarsinsäuren gelangen (Kap. II/1).

Was den zweiten Weg, die Nitrierung aromatischer Arsenverbindungen anbelangt, so ist die Phenylarsinsäure selbst gegen Salpetersäure — sogar unter Druck — sehr widerstandsfähig. Durch Anwendung von 100 proz. Salpetersäure gelang es Michaelis und Lösner[1]), die m-Nitrophenylarsinsäure herzustellen. Ebenso verläuft die Nitrierung, wenn man Salpeter-Schwefelsäure anwendet[2]) [auch bei der Diphenylarsinsäure[3])]. Daß, wie es als wahrscheinlich anzunehmen war, hierbei die Metaverbindung entsteht, ist neuerdings von Bertheim und Benda nachgewiesen worden[4]).

Auch Trinitrotriphenylarsinoxyd u. ä. sind durch Nitrieren des tertiären Arsinoxyds [Philips[5])] bzw. des tertiären Arsins[6]) in Salpeterschwefelsäure dargestellt worden, im letzteren Falle unter gleichzeitiger Oxydation:

$$(C_6H_5)_3As \rightarrow (NO_2C_6H_4)_3AsO$$

Die Nitrierung der p-Oxyphenylarsinsäure führt zur m-Nitro-p-oxyphenylarsinsäure[7]):

[1]) B. 27/265.
[2]) A. 320/294.
[3]) A. 321/152.
[4]) B. 44/3297.
[5]) B. 19/1033.
[6]) A. 321/180.
[7]) B. 44/3445 und D. R. P. 224 953 (Farbwerke Höchst).

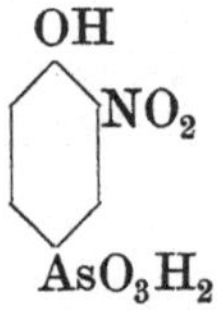

OH

NO_2

AsO_3H_2

dem Ausgangskörper für die Darstellung des Salvarsans (siehe Tabelle I). Die Nitrierung wird in Salpeterschwefelsäure unter 0° vorgenommen (Benda und Bertheim). Bei höherer Temperatur und mit 2 Mol. Schwefelsäure wird die m, m-Dinitrooxyphenylarsinsäure gebildet[1]) (über eine isomere Verbindung vgl. B.44/3296).

Die p-Aminophenylarsinsäure geht unter der Einwirkung von Salpeterschwefelsäure hauptsächlich in die m, m-Dinitro-p-aminophenylarsinsäure über[2])

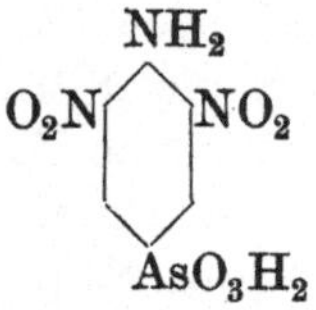

NH_2

O_2N NO_2

AsO_3H_2

Ebenso die Acetylarsanilsäure. Die glatte Einführung nur einer Nitrogruppe gelingt, wenn Oxanilarsinsäure als Ausgangsmaterial verwendet wird[3]) (Bertheim); ebenso geeignet ist das Urethan der p-Aminophenylarsinsäure[4]). Auch hier wird in Salpeterschwefelsäure nitriert. Spaltet man aus dem erhaltenen Produkt noch die Säuregruppe ab, so resultiert die Nitroarsanilsäure

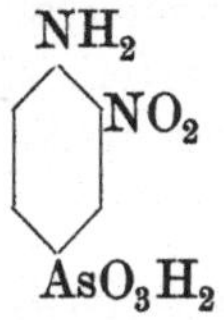

NH_2

NO_2

AsO_3H_2

deren Beziehung zum Salvarsan aus Tabelle I ersichtlich ist.

Die Nitrierung der p-Chlorphenylarsinsäure führt zur p-Chlor-m-nitrophenylarsinsäure[5]).

Einen Einfluß der Nitrogruppe auf den Arsenrest haben wir unter 5. in der leichten Abspaltbarkeit des Arsenrestes in der

---

[1]) B. 44/3445 und D. R. P. 224 953 (Farbwerke Höchst).

[2]) B. 45/53 (Benda).

[3]) B. 44/3093; D. R. P. 231 969 (Farbwerke Höchst).

[4]) D. R. P. 232 879 (Farbwerke Höchst).

[5]) D. R. P. 245 536 (Farbwerke Höchst).

diazotierten Nitroarsanilsäure gesehen, ferner in der Erhöhung der Acidität bei der nitrophenylarsenigen Säure (Kap. III/2). Den Austausch der Nitrogruppe gegen OH haben wir gleichfalls unter 5. erwähnt.

Bei der Reduktion mit phosphoriger Säure wird die Nitrogruppe im allgemeinen nicht angegriffen[1]), so daß man auf diesem Wege z. B. zum Dinitroarsenobenzol gelangen kann. Die Reduktion zur Aminogruppe wird in dem nun folgenden Abschnitt näher besprochen werden.

7. Wir kommen nun zu dem wichtigen Kapitel der **Aminophenylarsenverbindungen.** Die Aminosäuren sind zum großen Teil durch die Arsensäureschmelze der Amine (Kap. II/1) zugänglich. Auch können sie nach der Bartschen Reaktion erhalten werden (Kap. II/4), wenn man von monoacylierten Diaminen ausgeht und diese der Diazotierung, Umsetzung mit Arsenik und nachträglich der Verseifung unterwirft. Die dimethylierten Aminophenylarsenverbindungen entstehen bei der Umsetzung von Dimethylanilin mit Arsentrichlorid (Kap. II/5; dort ist auch die Bildung von Triaminotriphenylarsinoxyd aus Arsentrichlorid und Anilin erwähnt).

Was die Reduktion der nitrierten Phenylarsenverbindungen anbelangt, so ist zu beachten, daß durch die meisten Reduktionsmittel der Arsenrest mit angegriffen wird. Von den drei isomeren Nitrophenylarsinsäuren ist bis jetzt nur die Metasäure der Reduktion unterworfen worden. Die p-Aminosäure erhält man durch die Atoxylschmelze und die o-Säure ist auf einem Umweg dargestellt worden (Tabelle IV). Dagegen sind Nitrooxy- und Nitroaminoverbindungen zahlreich zur Aminoverbindung reduziert worden. Die Reduktion der m-Nitrophenylarsinsäure

$$C_6H_4(NO_2)(AsO_3H_2) \rightarrow C_6H_4(NH_2)(AsO_3H_2)$$

bereitete zunächst Schwierigkeiten. Michaelis und Lösner[2]) führten die Reduktion zwar mit Schwefelammon aus, er-

[1]) Vgl. eine Ausnahme unter 7.

[2]) B. 27/271; Lösner, Inaug.-Diss. Rostock 1893.

hielten aber ein geschwefeltes Produkt[1]), das Aminophenylarsensulfid

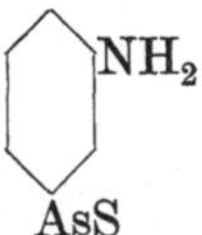

aus welchem sie den Schwefel nicht ohne Zersetzung eliminieren konnten. Bertheim[2]) führte die Reduktion mit dem gleichen Reagens aus, und es gelang ihm, den Schwefel aus dem erhaltenen Reduktionsprodukt durch Kochen mit $Cu(OH)_2$ herauszunehmen und so zur m-Amidophenylarsinsäure zu gelangen. Ein weiteres Reduktionsmittel bot sich Bertheim im Natriumamalgam, welches die Arsensäuregruppe nicht angreift (während es die Arsenoxydgruppe reduziert, siehe dort). Ebenso reduziert Eisenoxydul in alkalischer Lösung nur die Nitrogruppe[3]) (Benda).

Im Natriumhydrosulfit liegt ein Mittel vor, mit dessen Hilfe es möglich ist, nach Belieben die Nitrogruppe allein oder zusammen mit dem Arsenrest zu reduzieren. Für den ersteren Fall diene als Beispiel die Reduktion der Nitroarsanilsäure zur 1, 2-Diaminophenyl-4-arsinsäure [Bertheim[4]); vgl. Tabelle II]. Man verwendet die berechnete Menge Natriumhydrosulfit in alkalischer Lösung und kocht nach beendeter Reduktion, um die letzten Reste des Hydrosulfits unschädlich zu machen, mit Tierkohle kurz auf. Als Beispiel für die gleichzeitige Reduktion von Nitrogruppe und Arsensäurerest sei die Darstellung des Salvarsans[5]) aus Nitrooxyphenylarsinsäure angeführt (Tabelle I).

Wie die Aminoarsenoverbindungen durch reduktive Spaltung von Farbstoffen hergestellt werden, wird auf S. 57 gezeigt werden.

Zinnchlorür in salzsaurer Lösung reduziert die Nitro- und die Arsengruppe gleichzeitig, es ist neben Zinn und Eisessig besonders zur Reduktion des Trinitrotriphenylarsinoxyds u. ä. verwendet

---

1) Aus dem Trinitrotriphenylarsinoxyd läßt sich durch H_2S eine schwefel. freie, partiell reduzierte Verbindung erhalten. A. 321/185.

2) B. 41/1655; D. R. P. 206 344 (Farbwerke Höchst).

3) B. 44/3300.

4) B. 44/3095.

5) D. R. P. 224 953 (Farbwerke Höchst); B. 45/756.

worden [Philips[1]), Michaelis[2])]. Es wurde so das Triamidotriphenylarsin dargestellt:

$$(NO_2C_6H_4)_3AsO \rightarrow (NH_2C_6H_4)_3As$$

Phosphorige Säure greift im allgemeinen die Nitrogruppe nicht an in den aromatischen Arsenverbindungen, doch wird, wenn man dieses Reagens lange und energisch auf Dinitrodiphenylarsinsäure einwirken läßt, Tetraaminotetraphenyldiarsin $(NH_2 . C_6H_4)_2As—As(C_6H_4NH_2)_2$ erhalten[3]).

Eigenschaften. Von den Monoamidoverbindungen sind die Aminophenylarsinsäuren ihrer Doppelnatur gemäß in Säuren und in Alkalien löslich. Doch ist die Basizität der Aminogruppe in ihnen nicht so groß, daß z. B. die p-Aminophenylarsinsäure[4]) in Essigsäure löslich wäre. Im p-Aminophenylarsenoxyd[5]) macht sich die geringere Acidität des Arsenoxydrestes in der Wirkung auf die Aminogruppe geltend: Es ist leicht in Essigsäure löslich, desgleichen das Diaminoarsenobenzol[6]) in überschüssiger Essigsäure.

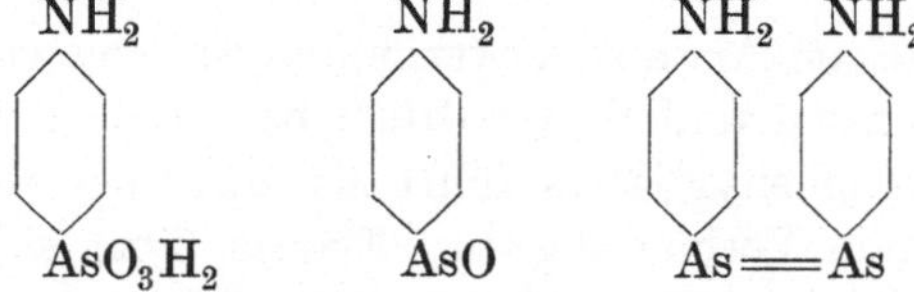

Das p,p-Dioxy-m,m-Diaminobenzol, welches also noch eine OH-Gruppe neben der Aminogruppe hat, ist wiederum nicht in Essigsäure löslich. Das Chlorhydrat der p-Arsanilsäure ist infolge von hydrolytischer Spaltung nicht klar in Wasser löslich. Ebenso wird das Dichlorhydrat des p, p-Diaminoarsenobenzols erst nach Zusatz von mehr Salzsäure von Wasser gelöst. Über das Salvarsan vergleiche weiter unten. Die Nitroarsanilsäure[7]) ist, wie vorauszusehen, nur in starken Mineralsäuren löslich. Die schwer lös-

---

1) B. 19/1034.
2) A. 321/183.
3) A. 321/150. Vgl. auch Lösner, Inaug.-Diss. Rostock 1893, S. 31.
4) B. 40/3295.
5) B. 43/921.
6) B. 44/1260.
7) B. 44/3093.

lichen Sulfate bilden ein besonderes Charakteristikum für die Aminoarsenoverbindungen[1]) (Ehrlich und Bertheim).

Die Eigenschaften der o-, m-, und p-Aminophenylarsinsäure (der Sulfanilsäure entsprechend auch „Arsanilsäuren" genannt) sind von Benda[2]) vergleichend zusammengestellt. Hervorzuheben ist die große Löslichkeit der Orthosäure im Vergleich zu den beiden Isomeren; auch zeichnet sie sich durch die geringe Haftfestigkeit des Arsensäurerestes aus. Durch Jodwasserstoff wird sie schon bei niederer Temperatur glatt in Arsensäure und p-Jodanilin zerlegt. Aus der Parasäure wird erst beim Erhitzen der wässerigen Lösung mit Jodwasserstoff p-Jodanilin gebildet. Die Metasäure wird von diesem Reagens überhaupt nicht angegriffen. Der Ersatz des Arsenrestes durch Jod diente in vielen Fällen zur Konstitutionsbestimmung, auch bei komplizierteren Derivaten.

Die Aminoarsenoverbindungen[3]) sind gegen oxydierende Einflüsse besonders empfindlich, wie schon bei Besprechung der Arsenoverbindungen hervorgehoben wurde (Ehrlich und Bertheim).

Die sekundären Aminoarsenverbindungen sind von Benda[4]), sowie von Pyman und Reynolds[5]) beschrieben worden. Das Tetraaminotetraphenyldiarsin führt Michaelis[6]) als eine leicht sich verändernde Verbindung an. Ebenso färbt sich das weiße Triaminotriphenylarsin[7]) an der Luft rasch grau, das auch hier schwerlösliche Sulfat ist beständiger. Beständig ist auch das Triaminotritolylarsin.

Die Veränderungen an der Amidogruppe, wie Vereinigung mit Säureresten oder Aldehyden, Diazotierung usw. sind besonders eingehend bei der p-Aminophenylarsinsäure untersucht worden, bei der Säure des Atoxyls, dessen reiche chemische Literatur wir nun gesondert betrachten müssen.

Die p-Aminophenylarsinsäure ist schon im Jahre 1863

---

[1]) B. 44/1263 Fußnote.
[2]) B. 44/3304.
[3]) B. 44/1260.
[4]) B. 41/2367.
[5]) C. 1908, II/781.
[6]) A. 321/150.
[7]) Philips, B. 19/1034; Michaelis, A. 321/183.

von Béchamp[1]) beschrieben worden. Béchamp hielt jedoch das von ihm durch Zusammenschmelzen von Arsensäure und Anilin erhaltene Produkt irrtümlich für ein Arsensäureanilid (I). Unter dieser Bezeichnung ging der Körper in die chemischen Handbücher über. Als das nach dem gleichen Verfahren hergestellte und für ein Metaarsensäureanilid (II) gehaltene Atoxyl auf den Arzneimarkt gekommen war, wurde es von Fourneau[2]) untersucht, der feststellte, daß ein Natronsalz vorliege; er erklärte das Präparat für das Natronsalz des Orthoarsensäureanilids (III). Da nahm Ehrlich[3]) die Untersuchung des therapeutisch aussichtsreichen Präparates in die Hand und machte die Entdeckung, die, so einfach sie scheint, für die ganze neuere Entwicklung der organischen Arsenchemie grundlegend war — die Entdeckung, daß das Atoxyl das Natriumsalz einer p-Aminophenylarsinsäure ist (IV), also das Arsen nicht locker wie in einem Anilid, sondern fest an den Benzolkern gebunden enthält. Der erste Beweisgrund, die Diazotierbarkeit und die Überführbarkeit der entstehenden Diazoverbindung in Farbstoffe, war nicht ausschlaggebend, da bei der Phenylsulfaminsäure bekannt war, daß unter der Einwirkung von salpetriger Säure der Schwefelsäurerest in den Kern wandert und Diazobenzolsulfosäure entsteht. Doch der Hinblick auf das in der Hitze ausfallende Magnesiumsalz (ein Charakteristikum organischer Arsinsäuren), die Beständigkeit gegen hydrolysierende Einflüsse und andere Gründe führten unwiderleglich zu der neuen Formulierung (IV):

$(HO)_2(O{=})As-HN-C_6H_5$ I.

$(O)_2{>}As-HN-C_6H_5$ II.

$(HO)(NaO)(O{=})AsHN-C_6H_5$ III.

$H_2N-C_6H_4-As(-OH)(=O)(-ONa)$ IV.

Das Atoxyl hat also die Formel $NH_2C_6H_4AsO_3HNa$ mit wechselndem Wassergehalt je nach der Darstellung (vgl. Kap. III/1). Es

[1]) Siehe Literaturverzeichnis.

[2]) C. 1907, I/1806.

[3]) B. 40/3292.

ist leicht und mit neutraler Reaktion in Wasser löslich. Das Quecksilbersalz ist auch bereits in Kap. III/1 beschrieben. Ein Chinin- und Cinchoninsalz ist durch Umsetzung der Sulfate dieser Basen mit Atoxyl erhalten worden[1]). Ein „Kalkatoxyl" erwähnen Blumenthal und Navassart[2]). Blumenthal[3]) beschreibt das Mono- und Disilbersalz u. a. Uhlenhuth untersuchte ein Eisenatoxyl und andern Salze.

Über die Einführung von Säureradikalen in die Aminogruppe des Atoxyls findet sich Ausführliches im D. R. P. 191 548 (Speyerhaus); beschrieben ist dort die Formyl-, Acetyl-, Pthalyl-, Butyryl-, Chloracetyl-, Benzoyl-, Malonylverbindung und der Harnstoff. Das D. R. P. 206 057[4]) führt die Oxalylverbindung an; das Benzolsulfatoxyl $C_6H_5SO_2NH\langle\rangle AsO_3HNa$ ist in dem Patent von Mouneyrat[5]) beschrieben; die entsprechende Toluolsulfonverbindung wurde von Little[6]) usw. nach der Schotten-Baumannschen Methode gewonnen.

Die unsymmetrischen Harnstoffderivate sind im D. R. P. 213 155 [Farbwerke Höchst[7])] beschrieben, ebenso die Thioharnstoffabkömmlinge:

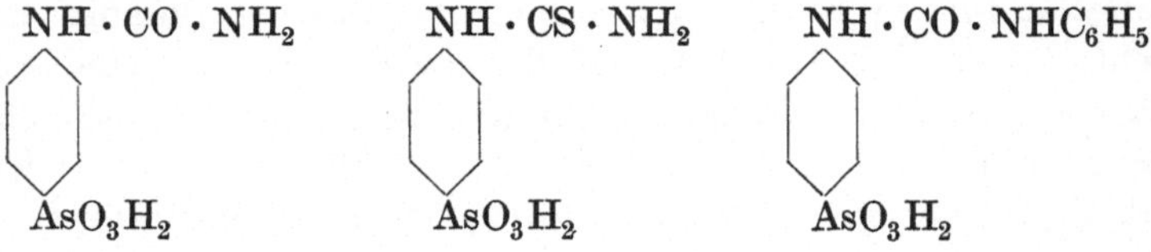

Die Phenylglycinverbindung[8]), aus p-Arsanilsäure durch Umsetzung mit Monochloressigsäure gewonnen, beansprucht besonderes Interesse, weil sie durch Reduktion in das wichtige Arsenophenylglycin übergeführt werden kann:

---

[1]) D. R. P. 203 081 (Ver. chem. W. Charlottenburg).

[2]) C. 1911, II/296.

[3]) Kap. III, 1. Vgl. Therap. d. Gegenw. 1911/388; Biochem. Zeitschr. 28/91; C. 1910, II/1318.

[4]) S. auch B. 44/3094.

[5]) Franz. P. 401 586.

[6]) C. 1909, II/1494.

[7]) S. auch Franz. P. 401 586 (Mouneyrat).

[8]) D. R. P. 213 155 (Farbwerke Höchst).

$$\begin{array}{ccc} COOH\cdot CH_2\cdot HN\text{-}C_6H_4 & & C_6H_4\text{-}NH\cdot CH_2\cdot COOH \\ | & & | \\ As & = & As \end{array}$$

welches leicht in Alkalien löslich ist. Auch diese Arsenverbindung ist gegen Luftoxydation empfindlich.

Verbindungen der p-Arsanilsäure mit Aldehyden (Schiffsche Basen) sind in dem D. R. P. 193 542 (Speyerhaus) beschrieben, und zwar die Verbindung mit Oxybenzaldehyd, Dimethylaminobenzaldehyd und Resorcinaldehyd. Die Phloroglucinaldehyd-p-arsanilsäure zeichnet sich durch besondere Beständigkeit gegen spaltende Einflüsse aus[1]).

Die Einführung von Methyl in die Amidogruppe führte Michaelis[2]) mit Dimethylsulfat aus. Die so entstehende Dimethyl-p-Arsanilsäure

$$(CH_3)_2N\langle C_6H_4\rangle AsO_3H_2$$

hatte er schon früher, vom Dimethylanilin ausgehend, dargestellt (Kap. II/5).

Durch Kondensation mit Acetonylaceton ist eine Dimethylpyrrolverbindung gewonnen worden[3]):

$$\begin{array}{c} N - \langle C_6H_4\rangle AsO_3H_2 \\ H_3C\cdot C \quad\quad C\cdot CH_3 \\ HC \text{---} CH \end{array}$$

Barrowcliff[4]) usw. stellte, indem er die p-Arsanilsäure mit Ammoniumpersulfat erhitzte, eine Phenazin-2, 7-bis-arsinsäure her:

$$H_2O_3As\text{-}C_{12}H_6N_2\text{-}AsO_3H_2$$

[1]) B. 42/38.
[2]) B. 41/1514.
[3]) B. 42/39.
[4]) C. 1909, I/162.

Eine Chinazolonarsinsäure befand sich unter den auf der Dresdener Hygieneausstellung ausgestellten Arsenpräparaten:

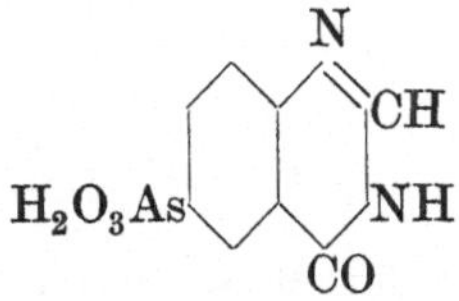

N
CH
H_2O_3As NH
CO

Die diazotierte p-Aminophenylarsinsäure ist Gegenstand einer reichen Literatur. Die Diazotierung ist dem Speyerhaus geschützt[1]). Durch Sandmeyersche Reaktionen ist die Diazogruppe gegen viele andere Substituenten ausgetauscht worden[2]), unter anderen auch gegen eine zweite Arsensäuregruppe (Kap. II/4). Der Ersatz gegen Wasserstoff gelang nach dem Verfahren von Mai mit unterphosphoriger Säure.

Die Dinitroarsanilsäure läßt sich nicht diazotieren[3]). Aus diazotierter Mononitroarsanilsäure wird beim Verkochen der Arsenrest abgespalten; siehe unter 5., wo auch der Ersatz der NH_2-Gruppe in dieser Säure durch OH besprochen ist.

Die Diazophenylarsinsäure kuppelt leicht mit Phenolen usw. unter Bildung von Azofarbstoffen, welche, da sie den Arsensäurerest unverändert enthalten, in Soda löslich sind. Einfachere Azokörper wie:

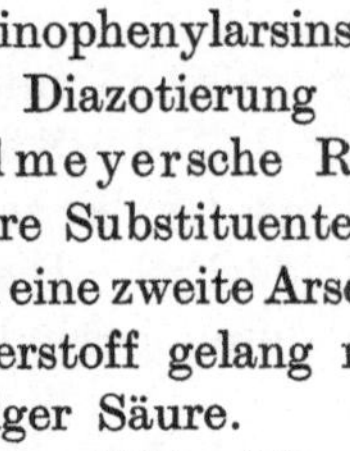

N=N
OH AsO_3H_2

sind von Barrowcliff usw. beschrieben. Auf der Dresdener Hygieneausstellung befand sich ein Phenylarsinsäureazophenylmethylpyrazolon:

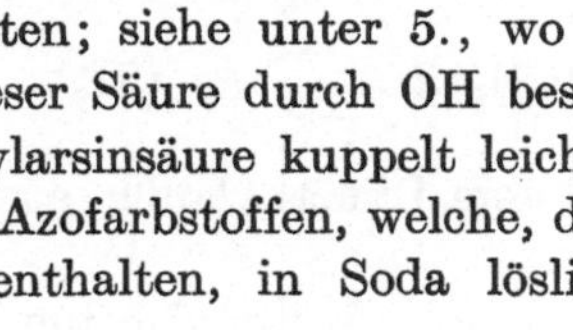

N = NCH — $C \cdot CH_3$
OC N
$N \cdot C_6H_5$
AsO_3H_2

1) D. R. P. 205 449.

2) Bertheim, B. 41/1853; D. R. P. 216 270 (gegen SH) und 223 796 (Farbwerke Höchst); Barrowcliff usw., C. 1909, I/162.

3) B. 45/54 (Benda).

Eine größere Anzahl komplizierterer Azofarbstoffe ist in den Patenten der A. G. F. A.[1]) beschrieben. Dort ist die p-Aminophenylarsinsäure mit Naphthalinderivaten (R-Säure usw.) zu Monoazofarbstoffen verbunden, auch sind Polyazofarbstoffe, zum Teil der Benzidinreihe angehörig, dargestellt.

Die Azofarbstoffe sind auch vielfach zur Reinigung der Aminoarsinsäuren und zu ihrer Isolierung aus Gemischen benutzt worden [Benda[2])]. Man diazotiert die Lösung der Aminosäure, kuppelt — am besten mit β-Naphthol —, isoliert den Farbstoff und verwandelt ihn durch vorsichtige, reduzierende Spaltung mit der berechneten Menge Hydrosulfit wieder in die Aminosäure. Den Überschuß an Hydrosulfit muß man sogleich durch einen Luftstrom zerstören, damit der Arsenrest nicht angegriffen wird. Auch mit Aluminium lassen sich diese Farbstoffe in alkalischer Lösung zur Aminosäure reduzieren[3]). Läßt man Hydrosulfit im Überschuß und in der Wärme einwirken, so erhält man die Aminoarsenoverbindung[4]).

Diaminophenylarsinsäuren sind in zwei isomeren Vertretern bekannt (vgl. die Tabellen II und III):

NH_2 [5]) H_2N AsO_3H_2 I.

NH_2 NH_2 [6]) AsO_3H_2 II.

In der I. Säure wird bei der Acetylierung die metaständige, bei der Diazotierung die orthoständige Aminogruppe angegriffen. Von der II. Säure als einem o-Diamin ist ein Benzimidazolonderivat usw. dargestellt worden.

Besonders wichtig sind die m-Amino-p-oxyphenylarsenverbindungen[7]) geworden (Ehrlich und Bertheim):

---

1) D. R. P. 212 018, 212 304, 222 063, 216 223.

2) B. 44/3303 u. a. a. O. Vgl. auch D. R. P. 244 166 und 244 789 (Farbwerke Höchst).

3) B. 44/3581.

4) B. 44/3581.

5) D. P. Anm. F 31 840 (Höchst); B. 44/3300 (Benda).

6) B. 44/3093 (Bertheim).

7) B. 45/756; D. R. P. 224 953 und 235 391 (Farbwerke Höchst). Über die Darstellung vgl. Kap. III/4 und Tabelle I.

OH	OH	OH OH
NH_2	NH_2	H_2N NH_2
AsO_3H_2	AsO	As═As
I.	II.	III.

Die Arsinsäure (I) ist ein in Wasser schwer löslicher, weißer Körper, welcher Tollenssche Silberlösung langsam reduziert.

Das Arsenoxyd (II), gleichfalls weiß, ist sehr empfindlich und wird in Form seines hygroskopischen Chlorhydrates rein hergestellt.

Die Arsenoverbindung (III, Ehrlich-Hata 606), die Base des Salvarsans, ist ein in Wasser unlöslicher gelber Körper, der sich an der Luft bald oxydiert. Als Phenol löst er sich leicht in Alkalilauge, kaum in Soda; die alkalische Phenolatlösung trübt sich unter dem Einfluß der Luftkohlensäure. Als Aminobase verbindet sich der Körper mit Säuren; mit Schwefelsäure wird ein schwerlösliches Sulfat gebildet — ein Charakteristikum der Aminoarsenoverbindungen. In verdünnter Salzsäure ist die Base leicht löslich; das Dichlorhydrat (Salvarsan)

OH OH

HCl, H_2N NH_2, HCl

As═As

wird aus der nach dem Hydrosulfitverfahren gewonnenen Base so hergestellt, daß man sie in Methylalkohol löst und mit der berechneten Menge methylalkoholischer Salzsäure versetzt. Diese Lösung wird in Äther eingerührt und so das Dichlorhydrat als feiner, fahlgelber Niederschlag ausgefällt.

Das Handelssalvarsan — ein zartes, gelbes Pulver — ist leicht mit saurer Reaktion in Wasser löslich (Schütteln mit Glasperlen, leichter noch in Methylalkohol, wenig in Äthylalkohol. Überschüssige Salzsäure fällt aus der wässerigen Lösung das Dichlorhydrat wieder aus.

Durch 2 Mol. Alkali wird aus der wässerigen Lösung die freie Base ausgefällt, die sich in weiteren 2 Mol. Alkali wieder auflöst.

An der Luft oxydiert sich auch das Dichlorhydrat langsam zur giftigeren Arsenoxydverbindung, auch in Pulvergläsern mit eingeschliffenem Stopfen, und muß daher in luftfreien Ampullen in den Handel gebracht werden[1]). Noch leichter zersetzt sich die Lösung, sogar bei völligem Luftabschluß.

Die Aminogruppe im Salvarsan läßt sich diazotieren[2]) und kuppeln; eine Farbstoffbildung tritt mit leicht kuppelnden Komponenten, z. B. mit Resorcin ein (vgl. Kap. VIII). In die Aminogruppe sind ferner Säurereste eingeführt worden[3]), z. B.

OH OH

NH_2COHN — — $NHCONH_2$

As═As

Arsenoxyphenylharnstoff

OH OH

CH_3COHN — — $NHCOCH_3$

As═As

Acetaminoarsenophenol

Ferner sind die Schiffschen Basen mit Resorcinaldehyd, Phloroglucinaldehyd[4]) und p-Dimethylamidobenzaldehyd[5]) dargestellt worden.

Medizinisch wertvoll ist die Verbindung von Salvarsan mit Sulfoxylat[6]), die sich abscheidet, wenn man eine wässerige Salvarsanlösung mit einer Lösung von Formaldehydsulfoxylat versetzt. Diese Verbindung löst sich in Alkali, das Alkalisalz kann durch Ausfällen mit Alkohol isoliert werden (hell gelbrot) und löst sich mit neutraler Reaktion wieder in Wasser. Das Salz zeichnet sich außerdem durch viel größere Haltbarkeit vor dem Salvarsan selbst aus (Neosalvarsan). Eine ähnliche Verbindung läßt sich mit Formaldehyd-Bisulfit herstellen[7]).

Über ein durch Umsetzen mit Chloressigsäure gewonnenes Glycinderivat s. P. Anm. F. 32014 (Farbwerke Höchst).

Die Übergänge in dem Gebiet der Aminooxyarsenoverbindungen — auch der isomeren —, sowie der Nitrooxy-, Nitroamino- und Diaminoverbindungen können am besten an Hand der nachfolgenden Tabellen übersehen werden.

---

[1]) Über eine Bestimmung des im Salvarsan enthaltenen Arsenoxyds siehe Kap. VIII.

[2]) Die Aminoarsenoverbindungen lassen sich jedoch nicht quantitativ diazotieren; durch die salpetrige Säure wird auch die As = As - Bindung angegriffen.

[3]) Ehrlich - Hata, Chemotherapie der Spirillosen. S. 36ff.

[4]) Ebenda. [5]) B. 45/764. [6]) D. R. P. 245756.

[7]) P. Anm. F. 31792 (Farbwerke Höchst).

Tabelle I (Salvarsan).

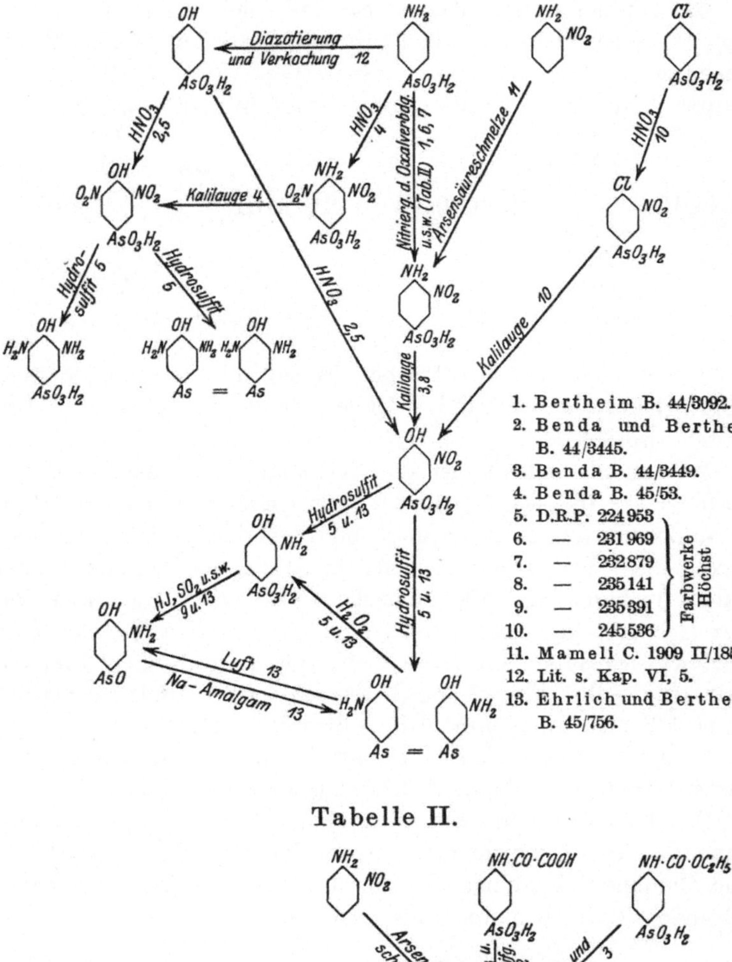

1. Bertheim B. 44/3092.
2. Benda und Bertheim B. 44/3445.
3. Benda B. 44/3449.
4. Benda B. 45/53.
5. D.R.P. 224953 ⎫
6. — 231969 ⎪
7. — 232879 ⎬ Farbwerke Höchst
8. — 235141 ⎪
9. — 235391 ⎪
10. — 245536 ⎭
11. Mameli C. 1909 II/1856.
12. Lit. s. Kap. VI, 5.
13. Ehrlich und Bertheim, B. 45/756.

Tabelle II.

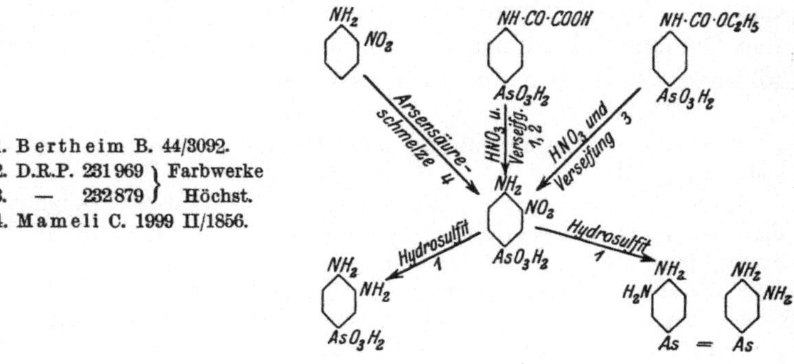

1. Bertheim B. 44/3092.
2. D.R.P. 231969 ⎫ Farbwerke
3. — 232879 ⎭ Höchst.
4. Mameli C. 1999 II/1856.

Tabelle III.

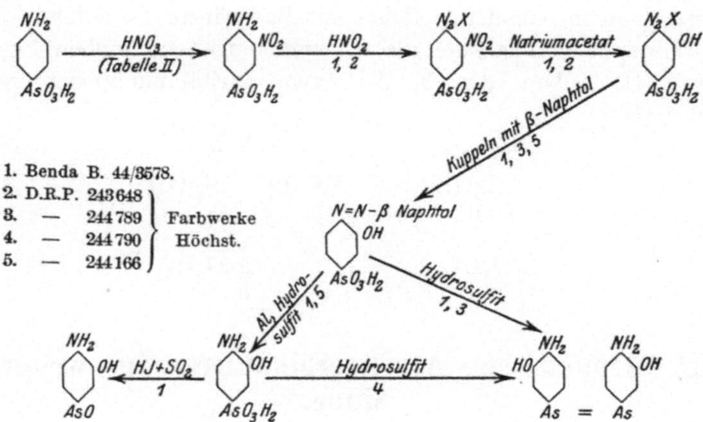

1. Benda B. 44/3578.
2. D.R.P. 243648 } Farbwerke Höchst.
3. — 244789
4. — 244790
5. — 244166

Tabelle IV.

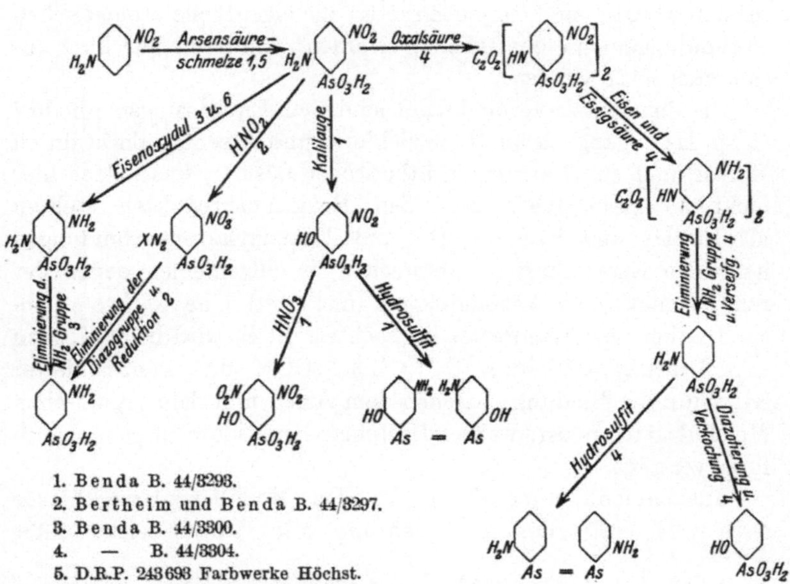

1. Benda B. 44/3293.
2. Bertheim und Benda B. 44/3297.
3. Benda B. 44/3300.
4. — B. 44/3304.
5. D.R.P. 243693 Farbwerke Höchst.
6. D.P. Anm. F. 31840 Farbwerke Höchst.

8. **Mercurierte Arsinsäuren** sind in einem Patent von Wellcome und Barrowcliff beschrieben[1]). Sie erhitzen substituierte Phenylarsinsäuren in wässeriger Lösung mit Quecksilberacetat, lösen dann in Alkali und fällen mit Essigsäure. So entsteht aus p-Aminophenylarsinsäure die 3-Oxymercuri-4-aminophenylarsinsäure (I) neben der 3, 5-Dioxymercuri-4-aminophenylarsinsäure (II):

NH_2	NH_2
(Benzolring) HgOH	HOHg (Benzolring) HgOH
AsO_3H_2	AsO_3H_2
I.	II

VII. Aromatische Arsenverbindungen im weiteren Sinne.

In diesem Kapitel müßten zunächst die Benzylarsenverbindungen besprochen werden, die von Michaelis und Paetow[2]) eingehend untersucht worden sind. Damit Wiederholungen vermieden werden, sind sie jedoch unter die eigentliche aromatischen Verbindungen mit eingegliedert worden. Hier soll nur kurz zusammengefaßt werden.

Die Benzylarsenverbindungen sind nach Einführungsmethode 7 (Kap. II) zugänglich aus Benzylchlorid und Arsentrichlorid durch Einwirkung von Natrium in ätherischer Lösung, was jedoch hier nicht so glatt geht. Aus den Reaktionsprodukten stellten Michaelis und Paetow Di- und Tribenzylarsenverbindungen her. Die Eigenschaften entsprechen im allgemeinen denen der rein aromatischen Verbindungen, nur wird eine leichtere Abspaltbarkeit des Arsenrestes beobachtet. Z. B. wird beim Kochen von Dibenzylarsinsäure $(C_6H_5CH_2)_2AsOOH$ mit konzentrierter Salzsäure die Bindung zwischen dem Arsen und dem organischen Molekül ganz gelöst, während Diphenylarsinsäure diese Behandlung verträgt.

Ausnehmend unbeständig ist das Monobenzylarsenchlorür $C_6H_5 \cdot CH_2AsCl_2$, das in Berührung mit Wasser leicht unter

[1]) Engl. Pat. 12 472 (1908).
[2]) A. 233/91.

Bildung von Benzaldehyd oder Benzoesäure und As_2O_3 zersetzt wird. Dadurch ist der Weg zur Monobenzylarsinsäure $C_6H_5CH_2AsO_3H_2$ hier verschlossen. Sie ist erst kürzlich mit Hilfe der Meyerschen Reaktion von Dehn und Grath aus Benzyljodid und Natriumarsenit erhalten worden (Kap. II/3).

Arsenhaltige Verbindungen der Indolreihe sind in einem Patent von Böhringer[1]) beschrieben. Die Indole werden mit Arsensäure in Wasser oder einem organischen Mittel gelöst und erhitzt.

So wird z. B. aus Methylketol eine Arsinsäure gebildet von der wahrscheinlichen Konstitution:

AsO_3H_2

CH_3

NH

Pr_2-Methylindolarsinsäure

Aus α-Naphthindol entsteht so die α-Naphthindolarsinsäure.

Auch dem Molekül des Camphers ist der Arsenrest eingefügt worden [Morgan und Micklethwaith[2])]. In Analogie zu der in Kap. II/7 besprochenen Methode ließen sie $AsCl_3$ auf die Natriumverbindung des Camphers in Toluollösung einwirken und isolierten als Reaktionsprodukt Dicamphorylarsinsäure:

$$C_8H_{14}\left\langle\begin{matrix} CH - As - CH \\ | \quad\; /\!\!/ \;\backslash \quad\; | \\ CO \;\; O \;\; OH \;\; CO \end{matrix}\right\rangle C_8H_{14}$$

In der zweiten der zitierten Arbeiten wird angegeben, daß bei der Reaktion außerdem noch eine Tricamphorylarsinsäure $(C_{10}H_{15}O)_3As(OH)_2$ entstehe.

Das Arsentrichlorid tritt mit aromatischen Basen unter Bildung von krystallinischen Additionsverbindungen zusammen:

Das Arsentrichloridanilin $AsCl_3 \cdot 3\,C_6H_5NH_2$ wird leicht von Wasser zersetzt, während Arsentrijodidanilin gegen Wasser beständig ist. Die Abhandlungen von Schiff[3]) und von Leeds[3]) geben nähere Daten über diese Verbindungen, wie auch über Arsentrichloridchinolin. Über $AsCl_2 \cdot NH \cdot C_6H_5$ s. Anschütz und Weyer[3]).

---

[1]) D. R. P. 240 793.

[2]) C. 1909, I/532; 1909, II/1427.

[3]) Vgl. Literaturverzeichnis u. K. II, 5.

Den Arsenanilinbrechweinstein $C_4H_5O_6AsOC_6H_7N$ stellte Yvon[1]) dar, indem er As_2O_3 auf saures Anilintartrat einwirken ließ. Die Verbindung geht bei 100° unter Austritt von 1 Mol. H_2O ins Anilid über.

Ester der arsenigen Säure sind nach Analogien in der aliphatischen Reihe von Fromm[2]) durch Umsetzung von $AsCl_3$ mit Phenolaten hergestellt worden. Arsenigsäuretriphenylester $(C_6H_5O)_3As$ ist ein durch Wasser leicht zersetzliches Öl, ähnlich der β-Naphthylester u. a. Lang, Mackey und Gortner[3]) gewannen die Ester, indem sie das Phenol bei Gegenwart von wasserfreiem Kupfersulfat mit As_2O_3 erhitzten, und stellten so den Tritolylester u. a. dar. Bemerkenswert ist die große Löslichkeit von As_2O_3 in diesen Estern; durch Benzol kann die Trennung bewirkt werden.

Aus der Sulfosalicylsäure erhielt Barthe[4]) durch Umsetzung mit Trinatriumarsenat einen Ester von folgender Formel:

$$OAs\left(OC_6H_3\begin{matrix}-SO_3H\\-CO_2Na\end{matrix}\right)_3$$

Beständige Ester der Arsensäure sind in einem Patent von Wolffenstein[5]) beschrieben. Er läßt „arsensaures Silber auf halogenhaltige, organische Verbindungen mit sauren Atomkomplexen einwirken". Neben aliphatischen Verbindungen wie z. B. den Estern der Dibrombehensäure, des Dibromlecithins ist beschrieben, wie dijodphenolsulfosaures Natron $HO\langle\overset{J}{\underset{J}{\bigcirc}}\rangle SO_3Na$ mit arsensaurem Silber bei 60° umgesetzt wird unter Bildung von

$$AsO[OC_6H_2(OH)(SO_3Na)J]_3$$

Das im Handel befindliche Guajacolarsen ist eine gemeinschaftliche Lösung von Natriumguajacolat und arsenigsaurem Kali. Über Guajacolkakodylverbindungen vgl. im Kap. IX.

---

1) C. 1910, I/1984 und II/334.
2) B. 28/620.
3) C. 1908, II/849.
4) C. 1910, I/1010.
5) D. R. P. 239 073.

VIII. Analytisches.

Um in den aromatischen Arsenverbindungen C und H nach Liebig zu bestimmen, empfiehlt es sich, die Substanz mit Kupferoxyd gemischt zu verbrennen und ein Gemisch von Kupferoxyd und Bleichromat im Rohr vorzulegen.

Will man die aromatische Arsenverbindung zur Bestimmung des Arsengehaltes aufschließen, so muß man sich bei der Auswahl der Methode nach der Haftfestigkeit des Arsenrestes in der betreffenden Verbindung richten. Diese kann sehr verschieden sein. So ist z. B. die Phenylarsinsäure gegen ein kochendes Chromsäure-Schwefelsäuregemisch beständig, ja sogar gegen Erwärmen mit Salpetersäure unter Druck[1]). In den im Kern substituierten Verbindungen ist der Zusammenhalt des Arsens mit dem Benzolmolekül mehr oder minder stark gelockert. Vgl. z. B. das Verhalten der drei Arsanilsäuren gegen HJ in Kap. VI/7 und die Zersetzlichkeit des Aminophenylarsenoxyds Kap. III/2. Die Benzylarsenverbindungen sind leicht aufspaltbar (Kap. VII).

Allgemeine Methoden.

In vielen Fällen wird man nach Carius mit Salpetersäure aufschließen können. Falls kein Erdalkali- oder Schwermetallsalz zugegen war, übersättigt man ohne weiteres mit Ammoniak und fällt mit Magnesiamixtur. Sonst verdünnt man und behandelt mit Ammoniummolybdat.

Oder man erhitzt nichtflüchtige Substanzen nach Marie[2]) mit Salpetersäure und Permanganat.

Messinger[3]) oxydiert mit Chromsäure.

Menthulé[4]) dampft zur Oxydation mit einer Lösung von MgO in konzentrierter Salpetersäure ein.

Brüggelmann[6]) erhitzt in einem mit Kalk gefüllten Rohr im Sauerstoffstrom. Bay[7]) verwendet an Stelle von Kalk MgO und Soda.

---

[1]) A. 201/204; B. 27/265.

[2]) C. r. 129/766.

[3]) B. 21/2916.

[4]) Ann. chim. anal. appl. 9/308 (1904).

[6]) Zeitschr. anal. Chem. 15/1, 16/1 und 20.

[7]) C. r. 146/333.

Pringsheim[1]) schließt mit Na_2O_2 im Silbertiegel auf. Little, Cahen und Morgan[2]) verwenden gleichfalls Natriumsuperoxyd, mit Natriumcarbonat gemischt, zum Aufschließen der aromatischen Arsenverbindungen und beschreiben genau die weitere Aufarbeitung.

Spezielle Methoden.

Das leicht zersetzliche Monophenylarsin wird nach Palmer und Dehn[3]) in einem Kügelchen in die Mitte eines mit ZnO gefüllten Rohres gebracht. Nach beendeter Verbrennung wird der Rohrinhalt in Salzsäure gelöst und das Arsen in der Lösung bestimmt.

Dibenzylarsinsäure wird beim Kochen mit konzentrierter Salzsäure quantitativ aufgeschlossen[4]).

Die Aufschließung der NH_2- und OH-substituierten Verbindungen gestaltet sich oft sehr einfach. Speziell mit der Erkennung und Gehaltsbestimmung der hauptsächlichsten Heilstoffe aus der Reihe der aromatischen Arsenverbindungen befaßt sich eine große Anzahl in den letzten Jahren erschienener Abhandlungen.

Das deutsche Arzneibuch 1910 führt Atoxyl $H_2NC_6H_4AsO{OH \atop ONa}$ $+ 4\,H_2O$ und Arsacetin $CH_3CONHC_6H_4AsO{OH \atop ONa}$ $+ 4\,H_2O$ auf. Für die Arsenbestimmung wird folgendes vorgeschrieben: Man erhitze die Substanz mit rauchender Salpetersäure und Schwefelsäure zum Sieden, dampfe mehrmals mit Wasser ein, versetze schließlich die Lösung mit KJ und titriere. Eine Vereinfachung dieser Methode schlagen Rupp und Lehmann[5]) vor. Zum qualitativen Nachweis des Arsens kann man die genannten Präparate mit Soda und Salpeter schmelzen, die Schmelze in Wasser lösen und mit Magnesiamixtur fällen. (Vor dem Aufschließen geben Atoxyl und Arsacetin als Arsinsäuren erst beim Erhitzen eine Fällung mit Magnesiamixtur.)

Eingehend sind auch die Identitätsreaktionen des

---

[1]) B. 41/4271.
[2]) C. 1909, II/1494.
[3]) B. 34/3596 u. 3599.
[4]) A. 233/84.
[5]) Apoth.-Zeit. 26/203; C. 1911, I/1082.

Atoxyls ausgearbeitet worden, die sich teils auf Fällungen z. B. mit $HgCl_2$, teils auf Färbungen gründen[1]). Um die letzteren hervorzurufen, wird mit salpetriger Säure in saurer Lösung behandelt und die erhaltene Diazolösung mit verschiedenen Komponenten gekuppelt. Eine solche Farbreaktion ist von Iggersheimer und Rothmann[2]) zu einer kolorimetrischen Bestimmung des Atoxyls ausgearbeitet worden (z. B. direkt im Harn nach der Behandlung).

Zur Gehaltsbestimmung von Salvarsan und Atoxyl schreibt Bressanin[3]) Erhitzen mit konzentrierter Schwefelsäure, Verdünnen und Titrieren vor. Er macht auch zahlreiche Angaben über den qualitativen Nachweis des Salvarsans durch Fällungsreaktionen mit Metallsalzen usw.

Ausführlich berichtet Gaebel[4]) über „das Salvarsan beim gerichtlichen Arsennachweis". Er „mineralisiert" mit $KClO_3$ und HCl zum qualitativen und zum quantitativen Arsennachweis. Zur Trennung von anorganischen Arsenverbindungen empfiehlt er unter anderem Bettendorfs Reagens (Zinnchlorür-Salzsäure), das mit Salvarsan einen gelben Niederschlag gibt, nicht die braunen Arsenflocken. Rauchende Salzsäure schlägt das Dichlorhydrat aus seiner wässerigen Lösung nieder, mit $HgCl_2$ entsteht eine schwerlösliche Doppelverbindung. Eisenchlorid ruft in Salvarsanlösungen eine Rotfärbung hervor. Als Amin kann es diazotiert und durch Kuppeln in Farbstoffe überführt werden. Zum Unterschied von dem stets momentan kuppelnden Atoxyl gibt diazotiertes Salvarsan (nach dem Zerstören der überschüssigen HNO_2 durch Harnstoff) mit α-Naphthylamin nur langsam eine Färbung, mit β-Naphthylamin kuppelt es überhaupt nicht. Mit Resorcin kuppelt es direkt.

---

[1]) Vgl. besonders folgende Abhandlungen, die zum Teil auch noch Vorschriften für die As-Bestimmung enthalten: Candussio, C. 1909, II/1488; Fiori, C. 1910, II/46; Covelli, Chem.-Zeit. 1908/1006; Ehrlich, Chem.-Zeit. 1908/1059; Lockemann und Paucke, C. 1908, II/1542; Blumenthal, C. 1909, I/949; Lockemann, C. 1909, I/949; Blumenthal und Herschmann, C. 1908, II/88; Gadamer, Apoth.-Zeit. 22/566,, C. 1907, II/561; Bougeault, C. 1907, II/1117; Monferrino, C. 1908 II/1897. Über Sterilisation vgl. Kap. IX.

[2]) C. 1909, I/1595.

[3]) C. 1911, II/1965.

[4]) C. 1911, I/1155.

Man kann das Salvarsan auch direkt mit Jodlösung titrieren[1]). Hierbei entsteht HJ und die Arsinsäure, welche in einem geringen, gleichbleibenden Maße in umgekehrter Reaktion wieder aufeinander einwirken. Durch eine Korrektur erhält man den richtigen Wert. Salvarsan enthält der Formel $C_{12}H_{12}O_2N_2As_2 \cdot 2HCl + 2H_2O$ entsprechend 31,6% Arsen. An der Luft nimmt es ziemlich bald Sauerstoff auf.

Ehrlich und Bertheim[2]) geben ein Verfahren an, welches gestattet, den Gehalt des Salvarsans an Arsenoxydverbindung zu bestimmen; bei guten Präparaten beträgt er 0,5—0,8%.

IX. Überblick über die therapeutische Verwendung der aromatischen Arsenverbindungen.

Von Abhandlungen[3]), die eine Übersicht geben, seien besonders die folgenden aufgeführt:

Ehrlich-Hata, Die experimentelle Chemotherapie der Spirillosen. (Berlin 1910).

Ehrlich, Beiträge zur experimentellen Pathologie und Chemotherapie. (Leipzig 1909). (Enthält eine Reihe von Vorträgen. S. besonders „Chemotherapeutische Trypanosomenstudien", „Über moderne Chemotherapie", „Über Partialfunktionen der Zelle".)

— Über die Behandlung der Syphilis mit 606. Vortrag, gehalten vor der Naturforscherversammlung zu Königsberg 1910. Ref. Berl. klin. Wochenschr. 1910/1996.

— Über Salvarsan. Vortrag, gehalten vor der Naturforscherversammlung zu Karlsruhe 1911. Verhandlungen, Bd. I/299.

— Über den jetzigen Stand der Chemotherapie. Vortrag, gehalten vor der deutschen chem. Gesellschaft 1908, B. 42/17.

---

1) C. 1911, II/106 (Gaebel); vgl. auch B. 45/765 (Ehrlich und Bertheim).

2) B. 45/756.

3) Sie wurden zu der nachfolgenden Darstellung benutzt. Ausführliche Literaturzusammenstellungen finden sich über das Salvarsan in der Salvarsanbroschüre der Höchster Farbwerke und über die anderen Präparate z. B. in den Merckschen Jahresberichten und in Böhringers Vademekum.

Ehrlich, Die Grundlagen der experimentellen Chemotherapie. Vortrag, gehalten vor dem Verein deutscher Chemiker 1909. Zeitschr. f. angew. Chemie 1910/2.

— Die Grundlagen und Erfolge der Chemotherapie. (Stuttgart 1911).

— Vortrag auf dem Mikrobiologenkongreß in Dresden 1911. Ref. Berl. klin. Wochenschr. 1911/1448.

Uhlenhuth, Die experimentellen Grundlagen der Spirochätenkrankheiten (Wien 1911).

Eine Zusammenstellung der Uhlenhuthschen Arbeiten findet sich in seinem Aufsatz „Die Chemotherapie der Spirillosen". Med. Klin. 1911, Nr. 5.

Breinl und Nierenstein, Biochemical and Therapeutical Studies on Trypanosomiasis. Ann. Trop. Med. 1909, III 395.

Jacoby, Die Ergebnisse der experimentellen Chemotherapie. Therap. Monatshefte 1911/645.

Fränkel, Die Arzneimittelsynthese (Berlin 1912), S. 663ff.

Der anorganische Arsenik ist als Heilmittel längst bekannt. Da er aber nicht nur für die den Körper schädigenden Parasiten, sondern auch für den menschlichen Organismus selbst ein starkes Gift ist, so kann er nur in Dosen einverleibt werden, welche zur völligen Befreiung des Körpers von den Parasiten viel zu gering sind. Ein Erfolg muß — wie Ehrlich klar betont hat — in einer Herabsetzung der „Organotropie" und womöglich gleichzeitig einer Erhöhung der „Parasitotropie" gesucht werden. Steigen durch chemische Veränderungen in einem Präparat beide gleichzeitig, so muß die Parasitotropie in entsprechend höherem Maße wachsen, damit das Verhältnis der Dosis curativa zur Dosis tolerata (C/T) sich günstig gestaltet.

Diese Erhöhung der Heilwirkung des Arseniks wird erreicht in seinen Verbindungen mit organischen Molekülen. Die erste Beobachtung über die geringe Toxizität solcher Verbindungen teilte Bunsen[1]) in seinen „Untersuchungen über die Kakodylreihe" mit, daß nämlich die Kakodylsäure[2]) ungiftig sei, was später als relative Ungiftigkeit gegenüber den anorganischen

---

[1]) A. 46/10.

[2]) Ein Abkömmling der Arsensäure, nicht des Arseniks.

Arsenverbindungen richtiggestellt ist. Die Kakodylsäure und besonders ihr Natriumsalz (Natr. kakodylicum, Arrhénal)

$$O = As \begin{matrix} -CH_3 \\ -CH_3 \\ -ONa \end{matrix}, \quad 5\,H_2O$$

ist seit 1897 in den Arzneischatz übergegangen und besonders in Frankreich durch die Bemühungen Gautiers[1]) bekannt (gegen Tuberkulose, Hautkrankheiten usw.).

In lockerer Verbindung mit aromatischen Molekülen wird es gegen Tuberkulose empfohlen (Astruc und Murco). Ihr Kakodyljacol ist Guajacolkakodylat $As(CH_3)_2O_2C_6H_4OCH_3$. Kakodylzimtsäure hat die Zusammensetzung $C_6H_5 \cdot CH : CH \cdot COOHAsO(CH_3)_2OH$. Beide werden durch Wasser zerlegt.

Einen bedeutenden Fortschritt brachte das Auftauchen der ersten aromatischen Arsenverbindung, des Atoxyls, unter welchem Namen das alte Béchampsche Arsensäureanilid von den Ver. Chem. Fabr. Charlottenburg in den Handel gebracht wurde (Kap. VI/7). Das Präparat ist, wie der Name andeuten soll, bedeutend ungiftiger (40—50 mal) wie die arsenige Säure (und Arsensäure); dabei besitzt es eine energische Wirkung gegen Trypanosomen, die Erreger der Schlafkrankheit, wie Kochs glänzende Resultate als „weißer Medizinmann" zeigten. Auch gegen Syphilis wurde von Uhlenhuth[2]) u. a. eine Heilwirkung festgestellt.

Atoxyl (Soamin) wird in wässeriger Lösung injiziert, für besondere Fälle in Tabletten und Kapseln per os verabreicht. Die wässerige Lösung wird, da sie Kochen nicht verträgt, nach dem Tyndallschen Verfahren fraktioniert sterilisiert[3]).

Mit Alttuberkulin kombiniert, wird es gegen Tuberkulose empfohlen [Mendel[4])]. Durodenalkapseln, Tubarsyl.

Mit kolloidalem Gold in wässeriger Lösung vereinigt, soll es nach einem Patent von Poulenc frères[5]) von guter Wirkung sein.

---

[1]) Presse médicale 1902, p. 791 u. 824.

[2]) D. med. Woch. 1907, Nr. 22; weitere Literatur in dem eingangs angeführten Aufsatz.

[3]) Vgl. auch Candussio, C. 1909, II/1488. Über die Haltbarkeit wässeriger Atoxyllösungen s. Yakimoff, D. med. Woch. 34/20; C. 1908, I/979.

[4]) Münch. med. Woch. 1909/1.

[5]) D. R. P. 206 343.

Die mit dem Atoxyl erzielten Heilerfolge boten gute Aussichten, doch erschien das Präparat nicht vollkommen. Besonders machten sich in nicht ganz seltenen Fällen Nebenwirkungen auf die Augen bemerkbar, die zur Erblindung des Patienten führten.

Ehrlich nahm die Untersuchung des Präparates in die Hand, das allgemein für ein Arsensäureanilid gehalten wurde, also eine Verbindung, aus welcher der Arsenrest leicht abgespalten werden kann. Wie er zeigte, daß hier das Natriumsalz einer p-Aminophenylarsinsäure vorliegt

$$H_2N\langle\quad\rangle As \begin{matrix} -OH \\ =O \\ -ONa \end{matrix}$$

welche den Arsenrest fest an das organische Molekül gebunden enthält, dessen Wirkung also nicht auf einer langsamen Abspaltung beruht, ist in Kap. VI/7 auseinandergesetzt.

Diese Erkenntnis bot Ehrlich eine breite Basis, durch chemische Veränderungen des Atoxyls an der Aminogruppe, am Arsenrest und am Benzolkern dessen Wirksamkeit zu erhöhen. Die Mannigfaltigkeit der untersuchten Verbindungen ist aus den vorangegangenen Kapiteln rein chemischen Inhalts, insbesondere aus Kap. VI zu ersehen. Sind doch die gesamten neueren chemischen Untersuchungen auf der durch Michaelis geschaffenen Basis fundierend, zu dem Zwecke ausgeführt worden, den Körper ausfindig zu machen, welcher die Wirkung des Atoxyls bis zum „eutherapeutischen Maximum" gesteigert besitzt. Hier sollen nur die markantesten Etappen auf dem mühevollen, aber aufsteigenden Wege Ehrlichs wiedergegeben werden, zu dem auch von anderer Seite vieles beigetragen wurde.

Zunächst wurde die Aminogruppe des Atoxyls in vielfacher Weise substituiert (Kap. VI/7). Das Arsacetin[1]), die Acetylverbindung $CH_3 \cdot CONH\langle\quad\rangle AsO_3HNa$, war das erste Präparat, welches sich dem Atoxyl an Ungiftigkeit noch weit überlegen

[1]) Für dieses wie für die anderen Präparate, welche von Ehrlich und seinen Mitarbeitern Bertheim, Benda und Kahn aus dem Speyerhaus hervorgegangen und von Ehrlich mit Hata in ihrer Wirksamkeit untersucht sind, werden hier wegen der übergroßen Zahl medizinische Literaturstellen nicht angegeben. Siehe darüber die eingangs angeführten Abhandlungen.

zeigte; da es im Heilwert gleich ist, so ist das Verhältnis C/T hier bedeutend günstiger.

Ein weiterer Vorteil liegt darin, daß es im Gegensatz zum Atoxyl durch Kochen der Lösung sterilisiert werden kann. Es wird in der wässerigen, neutralen Auflösung subcutan und intravenös injiziert. Es ist durch die neueren Mittel gegen Trypanosomiasis und Syphilis ganz in den Hintergrund gedrängt, zumal es auch von Nebenwirkungen nicht frei ist, wird aber in einigen Fällen noch zur spezifischen Wirkung benutzt (Pseudoleukämie). Ein Chininsalz wird im Arsacetinchinin verwendet.

Viele andere Säurereste mit längerer Seitenkette, besonders aromatische, erhöhen, in die Aminogruppe des Atoxyls eingeführt, dessen Giftigkeit. Die gleiche ungünstige Wirkung hat die Besetzung mit Methylgruppen zur Folge. Das Benzolsulfatoxyl, die Vereinigung mit Benzolsulfonsäure (Kap. VI/7), ist besonders in Frankreich viel verwendet gegen Syphilis unter dem Namen „Hectine“ [Hallopeau[1])].

Für die zahlreichen weiteren Derivate des Atoxyls an der Aminogruppe, die zum Teil weniger giftig sind, sei auf Kap. VI/7 verwiesen. (S. bes. die Patente der Farbwerke Höchst.)

Die aus dem Atoxyl hergestellten Azofarbstoffe haben nach Breinl und Nierenstein[2]) nur geringe Wirkung gegen Trypanosomen.

Eine weitere Veränderung des Atoxyls war durch Salzbildung zu erreichen. Das „atoxylsaure Quecksilber“ (vgl. Kap. III/1) ist besonders von Uhlenhuth und Manteufel[3]), sowie von Mameli und Ciuffo[4]) hauptsächlich gegen Syphilis empfohlen worden. Es ist giftiger wie das Atoxyl. Auf die Kombinationswirkung, die durch das Hg und As enthaltende Präparat ausgeübt wird, werden wir am Schluß des Abschnittes noch zu sprechen kommen.

Andere Namen dafür sind Asiphyl, Atoxifil, Aspirochyl, Atyroxyl. Zur Injektion wird eine Suspension in Öl oder eine Lösung in Kochsalz verwendet. Blumenthal[5]) fand, daß die relative Toxizität verschie-

---

[1]) Siehe u. a. Bull. gén. d. thérap. 159, No. 15, Ref. Münch. med. Woch. 1910/1814; Bull. gén. d. thérap. 161, No. 6 und Presse médic. 1910, No. 89. Es wird am schnellsten vom Körper ausgeschieden (Blumenthal und Navassart C. 1911 II/296).

[2]) Ann. Trop. Med. Parasitology, Liverpool 3/395; C. 1910, I/1162.

[3]) C. 1909, I/782.

[4]) Siehe Literaturverzeichnis.

[5]) Med. Klin. 1908, H. 44; C. 1909, I/782.

dener Quecksilbersalze eine Verschiebung erfährt. So ist das Hg-Salz des Arsacetins nicht giftiger als das des Atoxyls selbst, obwohl das Arsacetin wesentlich ungiftiger ist als das Atoxyl; die weiter unten zu erwähnende p-Jodphenylarsinsäure ist giftiger als das Atoxyl, ihr Hg-Salz dagegen ist weniger giftig wie das des Atoxyls. „Hectargyre“ ist das Hg-Salz des Benzolsulfatoxyls (Hectine).

Silberatoxyl ist ungiftiger wie Atoxyl selbst. Ob bei der Wirkung, die es ausübt, das Arsen eine Rolle spielt, ist zweifelhaft (Blumenthal, Kap. VI/7). Eine Reihe anderer Salze ist von Uhlenhuth geprüft worden.

Von weiteren am Arsenrest modifizierten Atoxylpräparaten sind die am Arsen geschwefelten Derivate zu nennen, welche besonders von Launoy[1]) untersucht sind, ferner ein am Arsenrest jodiertes Derivat, welches als zu giftig erkannt worden ist [Patta und Caccia[2]) (Kap. IV und V)].

„Jodarsyl“ dagegen ist keine feste Verbindung, sondern eine Jodnatrium und Atoxyl zugleich enthaltende Lösung (gegen Basedowsche Krankheit).

Die Besetzung des Arsensäurerestes mit noch weiteren Phenylgruppen, also die Verwendung von Di- und Triarsinsäuren erwies sich nicht als günstig. Das einzige Präparat dieser Art, welches Anwendung gefunden hat, ist die schon erwähnte Kakodylsäure, welche der aliphatischen Reihe angehört; daneben das Triphenylarsinoxychlorid[3]) $(C_6H_5)_3As{<}^{OH}_{Cl}$ (Kap. IV).

Viele Veränderungsmöglichkeiten boten sich für das Atoxyl weiterhin im Phenylkern und seinen Substituenten. Hier ist zunächst das Homologe des Atoxyls, das Kharsin, sowie das des Arsacetins, das Orsudan zu nennen: $CH_3CONH\langle\overset{CH_3}{\underline{\quad}}\rangle AsO_3HNa$.

Eine zweite Aminogruppe im Kern (Kap. VI/7), also in der Diaminophenylarsinsäure setzt die Toxizität zwar sehr herab, ruft aber nervöse Störungen hervor[4]).

Halogenierte Arsanilsäure zeigte sich stärker toxisch als die Ausgangssubstanz[5]).

---

[1]) C. r. 151/897; C. 1911, I/30.
[2]) C. 1911, II/1158.
[3]) Therap. d. Gegenw. 1902/3, S. 159.
[4]) B. 44/3096.
[5]) B. 43/529.

Die Einführung einer Sulfogruppe machte das Atoxyl „ungiftiger als Kochsalz“[1]).

Von den drei isomeren Arsanilsäuren ist die Orthosäure am giftigsten, die Meta- und die Parasäure sind gleich giftig[2]).

Ersatz der Aminogruppen durch Wasserstoff, also die Verwendung der Phenylarsinsäure selbst erwies sich als ein Fehlgriff, Substituenten im Benzolkern sind notwendig für die Heilwirkung.

Die beim Ersatz der Aminogruppe durch Jod entstehende p-Jodphenylarsinsäure (Jodatoxyl, Kap. VI/4), mit welcher eine Kombination der Arsentherapie mit der Jodtherapie angestrebt werden soll, ist giftiger als das Atoxyl [Blumenthal und Herschmann[3])].

Die p-Oxyphenylarsinsäure, die von der Aminosäure durch Austausch von NH_2 gegen OH abzuleiten ist, zeigt geringere Toxizität, aber keine sonderliche Heilwirkung. Doch bildete diese Säure für Ehrlich, wie wir weiter unten sehen werden, den Ausgangspunkt für bedeutsame chemische Veränderungen.

α-Naphtholarsinsäure (Kombination von Naphtol- und Arsenwirkung) übt eine günstige Wirkung auf der Haut aus (Kap. VI/5, Adler).

Dichlor-p-oxyphenylarsinsäure (Kap. VI/4, Hata) zeigte zwar ein sehr günstiges Verhältnis C/T, rief aber bei den Versuchsmäusen schwere Störungen des Nervensystems hervor (Tanzmäuse).

Ein ganz ähnliches Verhalten zeigt die m-Amino-p-oxyphenylarsinsäure

$$\overset{NH_2}{HO\langle\quad\rangle AsO_3H_2}$$

Doch konnte aus dieser Säure durch eine einfache Veränderung am Arsenrest das Salvarsan mit seinen wunderbaren Heilwirkungen hergestellt werden.

Überlegungen über die Wirkungsweise des Atoxyls im Organismus führten Ehrlich zu einem entscheidenderen Fortschritt als die bisher genannten.

---

[1]) B. 42/24. (Ehrlich).

[2]) B. 44/3304. Doch ist die Metasäure nach Ehrlich weniger wirksam.

[3]) Biochem. Zeitschr. XII/248; C. 1908, II/1618. Ferner Mameli und Patta.

Während die anorganischen Arsenverbindungen leicht im Reagensglas die Trypanosomen abzutöten vermögen, ist das Atoxyl beim Versuch in vitro beinah ohne Wirkung. Da andererseits die sterilisierende Wirkung des Mittels im Körper trotz der großen Verdünnung, die es hier durch das Blut erfährt, feststeht, so war die Vermutung naheliegend, daß es im Organismus weiter verändert wird, ehe es seine antiparasitäre Wirkung entfalten kann.

Aus der Feststellung von Binz und Schulz[1]), daß Arsensäure durch Gewebesubstanzen zu arseniger Säure reduziert wird, wie auch aus der Tatsache, daß Kakodylsäure im Körper eine Reduktion erfährt (Kakodylgeruch der Patienten), zog Ehrlich die Folgerung, daß die bisher verwendeten Präparate, welche alle das Arsen in fünfwertiger Form enthielten, im Organismus zur Stufe des dreiwertigen Arsens reduziert werden und dann erst auf die Parasiten wirken. Demgemäß stellte er als neue Richtlinie für seine Untersuchungen den Grundsatz auf, daß man „dem Organismus die Reduktionsarbeit abnehmen müsse", ein Grundsatz, der ihn zu den entscheidenden Erfolgen führte.

Es handelte sich darum, die aromatischen Arsenverbindungen, in denen das Arsen dreiwertig auftritt, die sich also vom Arsenik ableiten[2]), auf ihre Wirksamkeit hin zu untersuchen. Es war gewissermaßen eine Rückkehr zu den Erfahrungen der alten Medizin, welche auch nicht die Arsensäure, sondern die giftigere, aber heilkräftigere, arsenige Säure verwendete; nur geschah eben diese Rückkehr mit voller Erkenntnis des Wesens der Sache. Bei den organischen Arsenverbindungen mochten wohl die üblen Eigenschaften[3]) der dem Arsenik entsprechenden Arsenoxyde R—As = O in der aliphatischen (Kakodyl) wie auch in der aromatischen Reihe von einer Verwendung abgeschreckt haben. Zudem waren von diesen wie von den durch weitere Reduktion entstehenden Arsenoverbindungen[3]) R—As = As—R nur die einfacheren Vertreter hergestellt, während nach den gemachten

[1]) B. 12/2200; 14/2400 u. 2593. Auch wird durch gewisse Gewebesubstanzen wieder Arsenik zu Arsensäure oxydiert.

[2]) Vgl. die Tabelle am Schluß des ersten Kapitels. Nach den gemachten Erfahrungen kommen nur die primären Verbindungen in Frage.

[3]) Auch hier wird As als dreiwertig angenommen. Bei der Reduktion geht die As = O - Bindung in As = As - Bindung über, also gleichsam das Monoarylarsenoxyd in ein Monoarylarsen bzw. Diaryldiarsen.

Erfahrungen Substituenten wie NH_2, OH usw. für den Heilerfolg nötig sind.

Die Darstellung solcher Amidophenylarsenoxyde, Arsenoaniline, Arsenophenole usw. war für den Chemiker keine geringe Aufgabe. Wie sie gelöst wurde, ist in den vorangegangenen Kapiteln auseinandergesetzt.

Bei der Prüfung der so hergestellten Präparate zeigte sich, daß zwar mit der Reduktion eine Erhöhung der Toxizität[1]) Hand in Hand ging, die am größten bei der Arsenoxydstufe ist, bei der Arsenoverbindung weniger groß, aber auch noch bedeutend (vgl. die Ehrlichsche Tabelle B. 42/28).

Daneben ergab sich aber eine so außerordentliche abtötende Wirkung gegen Trypanosomen, daß die Herabsetzung der Dosis tolerata infolge der größeren Toxizität für das Verhältnis C/T nur wenig in Betracht kam. Diese Wirkung entfalteten die neuen Präparate nun — eine glänzende Bestätigung der Theorie — auch im Reagensglas. p-Oxyphenylarsenoxyd tötet in einer Verdünnung von 1 : 10 Millionen Trypanosomen in einer Stunde, während 1—2 proz. Lösungen von p-oxyphenylarsinsaurem Natrium nicht imstande sind, extra corpus Trypanosomen abzutöten.

Nach Ehrlich muß angenommen werden, daß die Parasiten durch bestimmte „Chemozeptoren“[2]), hier „Arsenozeptoren“, gerade dem dreiwertigen Arsen einen Angriffspunkt bieten. Die aromatischen Arsenverbindungen haben aber in dem organischen Teil ihres Moleküls noch ein zweites Mittel, sich in der chemischen Substanz der Parasiten zu „verankern“, indem sie einen zweiten Chemozeptor in ihnen, den „Organozeptor“, attaquieren. Hierzu ist der einfache Benzolkern im Phenylarsenoxyd und Arsenobenzol nicht imstande, sondern es ist das Vorhandensein von gewissen Substituenten wie NH_2, OH usw. notwendig[3]).

Gerade mit Hilfe dieses zweiten „Verankerungsprinzips“ ist Ehrlich in der Lage gewesen, durch bestimmte Gruppierungen

[1]) Dem Verhältnis der Arsensäure zu dem giftigeren Arsenik entsprechend.

[2]) Abkürzung von Chemorezeptor „Giftangel“.

[3]) Eine Konfiguration, welche vom Organismus selbst leicht verankert wird, muß vermieden werden. Als extreme Mißerfolge in dieser Richtung führt Ehrlich (B. 42/39) einen arsenhaltigen Triphenylmethanfarbstoff an, und ein Dimethylpyrrolatoxyl, welches in der Leber verankert wird und schwere Gelbsucht hervorruft (Icterogen; Kap. VI, 7).

im Molekül auf ganz bestimmte Parasiten „chemisch zu zielen“, also (bis zu einem gewissen Grade) spezifische Mittel für einzelne Infektionskrankheiten ausfindig zu machen.

So erwies sich das Arsenophenylglycin durch seinen dreiwertigen Arsenrest und durch seinen (im Gegensatz zum Arsacetin „freien“) Essigsäurerest als die geeignetste Substanz, die Trypanosomen im Körper abzutöten, also sich in deren individuellen Chemozeptoren, einem Arsenozeptor und einem „Aceticozeptor“, am besten zu verankern.

$HOOC \cdot H_2C \cdot HN$ $NH \cdot CH_2 \cdot COOH$

As=As

Arsenophenylglycin kommt als leicht lösliches Natronsalz (Spirarsyl) zur intramuskulären Injektion zur Verwendung. Ist als gelbes Pulver in evakuierten Ampullen im Handel, oxydiert sich an der Luft leicht unter Rötung. Nebenwirkungen auch hier!

Eine stark spirillocide Wirkung wird vom Arsenophenol (Kap. VI/5) ausgeübt. Doch ist seine Herstellung sehr schwierig und seine Haltbarkeit selbst unter den an und für sich leicht oxydabelen Arsenoverbindungen sehr gering; auch ist es recht giftig. Doch mußten diese Mängel durch Einführung weiterer Substituenten vermindert werden können. Ehrlich schreibt über die Gesichtspunkte, die ihn hierbei leiteten[1]):

„Ich habe eigentlich seit Jahren, gewissermaßen instinktiv[2]), immer die Vorstellung gehabt, daß bei therapeutisch wirksamen Benzolderivaten, welche zwei differente pharmakodynamische Substituenten enthalten, von denen einer salzbildend wirkt (OH-, NH_2-Gruppe), eine Erhöhung der Wirkung eintreten müßte, wenn ein dritter Substituent in Orthostellung zur salzbildenden Gruppe tritt.“

---

[1]) Experim. Chemotherapie d. Spir., S. 123.

[2]) Vgl. hiermit die Verwunderung Ehrlichs über die „Findigkeit als Summe eines schrankenlosen Ausprobierens“ bei den Naturvölkern, welche hierdurch z. B. das Chinin gegen die Malaria fanden (Zeitschr. f. ang. Chem. 1910/4). Warum soll ihnen der wahrscheinlichere „Instinkt“ abgesprochen werden?

Es zeigte sich nun, daß einzelne Substituenten in Orthostellung zur Hydroxylgruppe im Arsenophenol die Wirkung verschlechtern — hierzu gehören die Methyl- und die Nitrogruppe —, während andere wie die Halogene tatsächlich einen Fortschritt darstellen.

Die Prüfung von halogenierten Arsenophenolen (Kap. VI) zeigte eine Erhöhung der spirillociden Funktion, während die Wirkung gegen Trypanosomen fast ganz verschwunden war. Es wurde also mit diesem Mittel ein Halogenozeptor der Spirillen getroffen, auf dessen Vorhandensein man schon aus den Erfolgen der Jodtherapie bei der Syphilis schließen konnte.

Das „eutherapeutische Maximum" aber wurde in der Arsenoverbindung erreicht, welche eine Amidogruppe in Orthostellung zur Hydroxylgruppe enthält, in dem m, m-Diamino-p, p-dioxyarsenobenzol[1]), welches in der Reihe der von Ehrlich und Hata untersuchten Verbindungen als Dichlorhydrat die Journalnummer 606 trägt (Kap. VI/7 und Tabelle I).

OH OH

HCl, H_2N [Benzolring] [Benzolring] NH_2, HCl

As═As

Durch seine Aminogruppe und seine Hydroxylgruppe hat diese Verbindung gleichsam eine saure und eine alkalische Waffe. Seine spezifische Wirkung richtet sich gegen Spirillen und die durch sie verursachten Krankheiten, also vor allem gegen die Syphilis, dann gegen Frambösie, Recurrens und Hühnerspirillose. Daneben fallen auch andere Krankheiten in den „Streuungskegel"

---

[1]) Bei dem entsprechenden Arsenoxyd

OH

[Benzolring] NH_2

AsO

stellt sich das Verhältnis C/T ungünstiger wie bei der Arsenoverbindung. Von durch chemische Modifizierung sich vom Salvarsan ableitenden Körpern käme das Acetaminoarsenophenol (Kap. VI/7) in Frage, doch wirkt es nicht günstiger (Ehrlich - Hata).

der Heilwirkung des unter dem Namen „Salvarsan" bekannten Präparates, z. B. gewisse Formen der Malaria.

Andere Namen, zum Teil wortgeschützt: Hy [Hyperideal[1])], Hatol, Arsenobenzol (falsch, weil ein anderes chemisches Individuum bezeichnend), Arsabenzosol, Arsenobenzosol. Unter den Namen Arsenobenzol Billon u. a. sind in Frankreich Präparate im Handel, die dem Salvarsan in Zusammensetzung und Wirkung gleich sein sollen.

Das Salvarsan ist ein gelbliches Pulver, welches wegen seiner Empfindlichkeit gegen den Luftsauerstoff[2]) in evakuierten oder mit Stickstoff gefüllten Ampullen in den Handel kommt. Als Dichlorhydrat mit stark saurer Reaktion in Wasser löslich, verursacht es bei der Injektion große Schmerzen. Zur intravenösen Injektion wird in 4 Mol. Alkali gelöst. Zur subcutanen bzw. intramuskulären Injektion wird auch alkalisch injiziert oder das Dichlorhydrat mit 2 Mol. Alkali neutralisiert und die erhaltene schmerzlosere neutrale Suspension verwendet. Auch werden Verreibungen mit fetten Ölen und Paraffin. liq. empfohlen. „Joha" ist eine Verreibung mit Jodipin und wasserfreiem Lanolin, die 40% Salvarsan enthält. Die intravenöse Injektion ist für Schnellwirkung, die intramuskuläre für Dauerwirkung bestimmt. Die letztere Form wird nur selten angewendet.

In vitro tötet Salvarsan Spirillen nicht ab.

Das seit kurzem in den Handel gekommene Neosalvarsan wird nach Ehrlich durch Vereinigung von Salvarsan mit Formaldehydnatriumsulfoxylat hergestellt (Kap. VI, 7). Durch das in diesem Präparat chemisch gebundene Reduktionsmittel wird die Empfindlichkeit des Salvarsans gegen Luftsauerstoff fast beseitigt, auch zeichnet es sich durch neutrale Reaktion der Lösung und durch geringere Giftigkeit aus[3]).

Das Salvarsan scheint in vielen Fällen sich dem von Ehrlich angestrebten Ziel der „Therapia magna sterilisans" zu nähern, welche mit einem kräftig geführten Schlage den ganzen Organismus von den Parasiten befreien will. Bei den früheren Präparaten hatte sich, besonders wenn man kleine Dosen anwendete, das Phänomen der „arzneifesten Stämme" unangenehm bemerkbar gemacht. Einzelne Bakterienherde werden nicht angegriffen, geben, indem sie als Keimzentren fungieren, Veranlassung zu Rezidiven und sind durch dasselbe Arsenpräparat nicht mehr zu beeinflussen, auch wenn man sie auf einen anderen Tierkörper überimpft. Ehrlich erklärt dies mit einer Verminderung der Avidität, welche sonst der betreffende Chemo-

[1]) Ebenso wie Jd nur Bezeichnung für Versuchspräparate der gleichen Zusammensetzung. Ehrlich, Berl. klin. Woch. 1911/1090.

[2]) Die Luftoxydation führt zu der giftigeren Arsenoxydstufe.

[3]) Durch Schreiber (Magdeburg) sind die therapeutischen Vorzüge des neuen Präparates festgestellt worden. Chem.-Ztg. 1912/424.

zeptor zu dem Heilstoff hat; eine Verminderung, nicht eine Vernichtung, denn durch genügende Konzentration läßt sich mit demselben Arsenpräparat extra corpus eine Abtötung erreichen. Auch wirken andere Arsenpräparate auf solche feste Stämme noch ein. Eingehende Untersuchungen Ehrlichs, in welche gewisse Farbstoffe, wie Parafuchsin, Trypanrot u. a., sowie Antimonpräparate mit hineingezogen wurden, ergaben, daß man bestimmte Klassen von Heilmitteln aufstellen kann, welche sich dadurch voneinander abgrenzen, daß ein gegen ein Mittel arzneifest gewordener Parasitenstamm durch die Mittel aus der gleichen Klasse nicht mehr beeinflußt wird, wohl aber durch Mittel aus den anderen Klassen.

In praxi führte diese Aufklärung zur Befürwortung großer Dosen, um das Zurückbleiben einzelner Parasiten möglichst zu verhindern und für bestimmte Fälle zur Kombinationstherapie, welche die Parasiten an mehreren Chemozeptoren zugleich oder nacheinander treffen will.

Die Trypanosomen, welche leicht arzneifest werden, sind z. B. durch große Dosen von Arsenophenylglycin oder durch gleichzeitige Anwendung von Farbstoffen erfolgreich bekämpft worden.

Von den Spirillenerkrankungen können besonders Frambösie, Recurrens und Hühnerspirillose durch Salvarsan im Sinne der Therapia magna sterilisans mit einer Injektion geheilt werden. Auch bei Syphilis sind glänzende Heilerfolge mit einer einmaligen Injektion von Salvarsan berichtet worden. Doch sind in puncto Rezidive nach Ehrlich „die Akten hier noch nicht geschlossen". Da der Erreger der Krankheit, die Spirochaete pallida, wenig Neigung hat, salvarsanfest zu werden, kann gegebenenfalls zu einer wiederholten Behandlung geschritten werden. Für bestimmte Fälle ist eine Kombination mit der Quecksilbertherapie empfohlen worden.

Von den in Kap. VII aufgeführten, nicht eigentlich aromatischen Arsenverbindungen ist besonders der Arsenanilinbrechweinstein zu nennen, der nach Laveran[1]) eine gute Wirkung gegen Trypanosomen haben soll.

[1]) C. r. 151/580; C. 1910, II/1557.

Bei Morgans Campherarsenverbindungen stellte Plimmer[1]) eine zu starke Reizwirkung fest.

Die aromatischen Arsenverbindungen sollen auch zur Konservierung von Holz geeignet sein[2]). Man läßt sie in einer 0,01- bis 1 proz. Lösung einwirken.

X. Literaturverzeichnis.

Dieses Verzeichnis umfaßt die gesamte rein chemische Literatur der aromatischen Arsenverbindungen. Abhandlungen nur analytischen oder therapeutischen Inhalts sind hier nicht mit aufgenommen. Die ersteren sind in Kap. VIII im Anschluß an den Text zitiert, von der therapeutischen Literatur sind zusammenfassende Abhandlungen usw. in Kap. IX angegeben. Folgende Abkürzungen bedürfen einer Erklärung:

A. = Liebigs Annalen der Chemie.
Amer. Journ. = American Chemical Journal.
Amer. Soc. = Journal of the American Chemical Society.
B. = Berichte der Deutschen chemischen Gesellschaft.
C. = Chemisches Centralblatt.
C. r. = Comptes rendus de l'Académie des Sciences, Paris.
Fr. = Friedländer, Fortschritte der Teerfarbenfabrikation.
Soc. = Journal of the Chemical Society of London.
V. z. D. (H.) = Verfahren zur Darstellung (Herstellung).

Die den D. R. P. und D. P. Anm. entsprechenden Auslandspatente sind nur in den Fällen angeführt, in denen die ersteren zur Zeit der Drucklegung noch nicht ausgelegt waren.

Adler, O. und R., Über primäre, aromatische Arsinsäuren. [Salicylarsinsäure usw.[3])] B. 41/931.

Adler, W.:

D. R. P. 205 775 (erloschen) V. z. D. einer α-Naphtholarsinsäure. (Durch Diazotieren und Verkochen von α-Naphthylaminarsinsäure, welche ihrerseits durch Arsensäureschmelze von α-Naphthylamin erhalten wird.) Fr. IX/1059.

D. R. P. 215 251 (erloschen) V. z. D. von Arsinosalicylsäure[4]).

---

[1]) Proc. Roy. Soc. London, Ser. B, Vol. 83, B. 562/144.

[2]) D. R. P. 240 980 (Bayer & Co.).

[3]) Die Titel werden, wo es nötig und angängig ist, durch kurze, in Klammern beigefügte Erläuterungen vervollständigt.

[4]) Richtiger: Salicylarsinsäure.

(Das Patent schützte die Diazotierung und Verkochung von

NH_2 / COOH / AsO_3H_2 (Benzolring)

Fr. IX/1060.

Act.-Ges. f. Anilin-Fabrikation (Agfa).

D. R. P. Anm. A. 15 723 V. z. D. der p-Aminophenylarsinsäure.

D. R. P. 212 018 V. z. H. von Azofarbstoffen aus p-Aminophenylarsinsäure. Fr. IX/1051.

D. R. P. 212 304 V. z. D. von Polyazofarbstoffen unter Verwendung von p-Aminophenylarsinsäure. Fr. IX/1052.

D. R. P. 222 063 V. z. D. von Polyazofarbstoffen unter Verwendung von p-Aminophenylarsinsäure. Fr. IX/1054.

D. R. P. 216 223 V. z. H. eines primären Disazofarbstoffes aus p-Aminophenylarsinsäure. Fr. IX/1056.

D. R. P. 237 787 V. z. H. von Quecksilbersalzen der p-Aminophenylarsinsäure.

D. R. P. 239 557 V. z. H. wasserlöslicher Quecksilber-Arsenpräparate (das nach dem ebengenannten Patent erhaltene Hg-Salz ist in Kochsalzlösung leicht löslich).

Anschütz und Weyer, Über die Einwirkung von Anilin auf Arsenchlorür und Arsenbromür. A. 261/279.

Barrowcliff, Pyman und Remfry, Aromatische Arsonsäuren. Soc. 93/1893; C. 1909, I/162.

Bart:

D. P. Anm. B. 57 015 V. z. D. von organischen Arsenverbindungen (Umsetzung von Diazoverbindungen mit Natriumarsenit und Monoarylarsenoxyden zu Arylarsinsäuren).

D. P. Anm. B. 60 703 (Zusatz zu Anm. 57 015) V. z. D. von organischen Arsenverbindungen (Umsetzung von Diazoverbindungen mit Diarylarsenoxyden).

D. P. Anm. B. 60 657 V. z. D. von organischen Arsenverbindungen (Reduktion von Benzoldiarsinsäure mit $HJ+SO_2$).

Barthe, Über die Einwirkung von Sulfosalicylsäure auf Trinatriumphosphat (und -arsenat unter Bildung eines Esters). C. r. 150/401; C. 1910, I/1010.

Farbenfabriken von Bayer & Co., Elberfeld:

D. P. Anm. F. 24 523 (zurückgezogen) V. z. D. eines Quecksilbersalzes der p-Aminophenylarsinsäure.

D. R. P. 240 988 Holzkonservierungsverfahren (es werden Lösungen von organischen Hg-, As- und Sb-Verbindungen verwendet).

Béchamp, Über Arsenanilid. C. r. 56 I/1172 (1863); Bull. Soc. Chim. V/518.

Benda (s. auch Kahn und Bertheim), Sekundäre aromatische Arsinsäuren. B. 41/2367.

— Über o-Aminoarylarsinsäuren. B. 42/3619.

— Über die p-Nitranilinarsinsäure. B. 44/3293.

— Über p-Phenylendiaminarsinsäure. B. 44/3300.

— Über o-Aminophenylarsinsäure (o-Arsanilsäure). B. 44/3304.

— Über Nitrooxyphenylarsinsäure (3 : 4 : 1). B. 44/3449.

— Über die 4-Amino-3-oxy-phenyl-1-arsinsäure und deren Reduktionsprodukte. B. 44/3578.

— Über die Nitrierung der Arsanilsäure. B. 45/53.

— und Bertheim, Über Nitrooxyarylarsinsäuren. B. 44/3445.

— und Kahn, Homologe und Derivate der Arsanilsäure. B. 41/1672.

Bertheim (s. auch Ehrlich, Benda), Eine isomere Arsanilsäure (meta). B. 41/1655.

— (p-) Diazophenylarsinsäure und ihre Umwandlungsprodukte. B. 41/1853.

— Über halogenierte p-Aminophenylarsinsäuren. B. 43/529.

— Derivate des p-Aminophenylarsenoxyds. B. 44/1070.

— Nitro- und Aminoarsanilsäure. B. 44/3093.

— und Benda, Die Konstitution der „isomeren Aminophenylarsinsäure“ und der Michaelisschen Nitrophenylarsinsäure. B. 44/3297.

Blumenthal und Herschmann, Biochemische Untersuchungen über die p-Jodphenylarsinsäure. Biochem. Zeitschr. 12/248; C. 1908, II/1618.

Böhringer:

D. R. P. 240 793 V. z. D. von Arsinsäuren der Indolreihe.

Carlson, Über das Atoxyl. Zeitschr. phys. Chem. 49/414.

Covelli, Über die Diazoreaktion des Atoxyls. Chem.-Ztg. 1908/1006.

Covelli, Über eine entscheidende Reaktion zwischen den organischen Derivaten der arsenigen Säure und denjenigen der Arsensäure (Reduktion zur Arsenoverbindung in saurer bzw. alkalischer Lösung). C. 1910, II/23.

Dehn, Primäre Arsine. Amer. Journ. 33/101; C. 1905, I/799.

— und Grath, Arson- und Arsinsäuren. Amer. Soc. 28/347, C. 1906 I/1601.

— und Wilcox, Sekundäre Arsine. Amer. Journ. 35/1; C. 1906, I/738.

— William und Wilcox, Reaktionen der Arsine. Amer. Journ. 40/88; C. 1908, II/850.

Ehrlich (vgl. die eingangs von Kap. IX genannten Vorträge und Bücher, welche z. T. auch chemische Angaben enthalten).

— und Bertheim, Über p-Aminophenylarsinsäure. B. 40/3292.

— — Über Reduktionsprodukte der Arsanilsäure und ihrer Derivate. I. Über p-Aminophenylarsenoxyd. B. 43/917. II. Über p-, p-Diamonoarsenobenzol. B. 44/1260.

— — Zur Diazoreaktion des Atoxyls. Chem.-Ztg. 1908/1059.

— — Über das salzsaure 3, 3'-Diamino-4, 4'-dioxyarsenobenzol und seine nächsten Verwandten (Darstellung und Eigenschaften des Salvarsans usw.). B. 45/756.

Farbwerke vorm. Meister Lucius und Brüning, Höchst a. Main:

D. R. P. 203 717 V. z. D. von carboxylierten Acylaminophenyl- und -tolylarsinsäuren (die Homologen der Acyl-p-aminophenylarsinsäure werden oxydiert). Fr. IX/1036.

D. R. P. 204 664 V. z. D. von p-Arylglycinarsinsäuren (Umsetzung von p-Arsanilsäure mit Halogenessigsäure oder Formaldehyd und Blausäure). Fr. IX/1035.

D. R. P. 205 616 V. z. D. von Oxyarylarsinsäuren (Arsensäureschmelze von Phenol). Fr. IX/1040.

D. R. P. 205 617 V. z. D. von am Arsen geschwefelten Derivaten der p-Aminophenylarsinsäure. Fr. IX/1041.

D. R. P. 206 057 V. z. D. von Derivaten des Phenylarsenoxyds und Arsenobenzols (p-Aminophenylarsinsäure und Derivate werden mit Reduktionsmitteln behandelt). Fr. IX/1043.

D. R. P. 206 344 V. z. D. von m-Aminophenylarsinsäure (Reduktion der m-Nitrosäure). Fr. IX/1038.

D. R. P. 206 456 V. z. D. von Arsenophenolen (Reduktion von Oxyarylarsinsäuren und -oxyden). Fr. IX/1046.

D. R. P. 212 205 V. z. D. von Derivaten des Phenylarsenoxyds und Arsenobenzols. (Weitere Ausbildung von P. 206 057 durch Reduktion auch der Homologen und Carboxylsubstitutionsprodukte der p-Arsanilsäure.) Fr. IX/1045.

D. R. P. 213 155 V. z. D. von unsymmetrischen Harnstoff- und Thioharnstoffderivaten der Arsanilsäure, ihrer Homologen und Derivate. (Zusatz zu 191 548 Speyerhaus). Fr. IX/1036.

D. R. P. 213 594 V. z. D. von Oxyarylarsenoxyden (Reduktion von Oxyarylarsinsäuren mit schwachen Mitteln). Fr. IX/1049.

D. R. P. 216 270 (Zusatz zu 206 456) V. z. D. von Arsenoarylglykol- und -thioglykolsäuren (Umsetzung der Phenol- bzw. Thiophenolarsinsäure mit Monochloressigsäure und Reduktion). Fr. IX/1047.

D. R. P. 219 210 V. z. D. von Homologen der 1-Aminobenzol-4-arsinsäure (Arsensäureschmelze von Homologen des Anilins). Fr. IX/1033.

D. R. P. 223 796 V. z. D. von Oxyarylarsinsäuren (Verkochen von Diazophenylarsinsäure).

D. R. P. 224 953 V. z. D. von Aminoderivaten der Oxyarylarsinsäuren und deren Reduktionsprodukten (Nitrierung von p-Oxyphenylarsinsäure und Reduktion der Nitrooxyverbindung, Ehrlich-Hata 606).

D. R. P. 231 969 V. z. D. einer Nitro-1-aminophenyl-4-arsinsäure (Nitrierung von Oxanil-4-arsinsäure und Verseifung).

D. R. P. 232 879 (Zusatz zu 231 969) V. z. D. einer Nitro-1-aminophenyl-4-arsinsäure (auch das Urethan der Arsanilsäure ist so nitrierbar).

D. R. P. 235 141 V. z. D. von Nitrooxyarylarsinsäuren (Nitro-1-aminophenyl-4-arsinsäure wird mit Kalilauge erwärmt).

D. R. P. 235 391 (Zusatz zu 213 594) V. z. D. von Aminooxyarylarsenoxyden (Reduktion von m-Amino-p-oxyphenylarsinsäure mit schwachen Reduktionsmitteln).

D. R. P. 235 430 (Zusatz zu 206 456) V. z. D. von Arsenophenolen (halogenierte Arsenophenole).

D. R. P. 243 648 V. z. D. von diazotierten Derivaten aus Nitroaminoarylarsinsäure. (3 : 4 : 1. Bei der Säure, welche die Aminogruppe in Orthostellung zur Nitrogruppe hat, wird, wenn man ihre Diazoverbindung mit mineralsäurebindenden Mitteln wie Natriumacetat behandelt, die NO_2-Gruppe gegen OH ersetzt.)

D. R. P. 243 693 V. z. D. der 5-Nitro-2-aminobenzol-1-arsinsäure (Arsensäureschmelze von p-Nitranilin).

D. R. P. 244 789 (Zusatz zu 224 953) V. z. D. von Aminooxyderivaten des Arsenobenzols und dessen Homologen. (Die nach P. 243 648 erhältliche p-Diazo-m-oxyphenylarsinsäure wird mit β-Naphthol gekuppelt und der Azofarbstoff zum m,m-Dioxy-p,p-diaminoarsenobenzol reduziert.)

D. R. P. 244 166 V. z. D. von p-Amino-m-oxyarylarsinsäuren. (Der Azofarbstoff von 244 789 wird nur bis zur Aminoarsinsäure reduziert.)

D. R. P. 244 790 (Zusatz zu P. 224 953) V. z. D. von Aminooxyderivaten des Arsenobenzols und dessen Homologen. (Die nach D. R. P. 244 166 erhältliche p-Amino-m-oxyphenylarsinsäure wird zu dem auch nach D. R. P. 244 789 zugänglichen m,m-Dioxy-p,p-diaminoarsenobenzol reduziert.)

D. R. P. 245 536 (Zusatz zu P. 235 141) V. z. D. von Nitrooxyarylarsinsäuren (die p-Chlor-m-nitrophenylarsinsäure wird mit Kalilauge erhitzt).

D. P. Anm. F. 31 792 V. z. D. von in Wasser leicht mit neutraler Reaktion löslichen Derivaten des 4, 4'-Dioxy-3, 3'-diaminoarsenobenzols (Einwirkung von Formaldehyd + Bisulfit auf die Base des Salvarsans).

D. R. P. 245 756 V. z. D. von neutral reagierenden, wasserlöslichen Derivaten des 3, 3'-Diamino-4, 4'-dioxyarsenobenzols (Einwirkung von Formaldehydsulfoxylat + Alkali auf das Salvarsan).

D. P. Anm. F. 31 840 V. z. D. der 2, 5-Diaminobenzol-1-arsinsäure (Reduktion der Aminonitrophenylarsinsäure).

D. P. Anm. F. 30 989 V. z. D. v. über die Arsenostufe hinaus reduzierten Substitutionsprodukten aromatischer Arsinsäuren. (Substit. prim. Arsine $RAsH_2$ durch Reduktion mit Sn, Fe, Zn in stark sauer Lösung.)

Engl. P. 11 901 (1911) V. z. D. von Arsenoverbindungen (Arylarsenoxyde oder -chlorüre werden mit primären Arsinen umgesetzt).

Engl. Pat. 15 438 (1911) Darst. neuer Arsenoverbindungen und Zwischenprodukte.

Weiteres s. Nachtrag.

Fourneau, Über das Atoxyl. Journ. Pharm. et Chim. 6. Ser. 25/332; C. 1907, I/1806.

— Über das Atoxyl (Bestätigung der Ehrlichschen Konstitutionsbestimmung). Journ. Pharm. et Chim. 6. Ser. 25/528; C. 1907, II/1008.

Fromm, Über einige Arsenigsäureester der aromatischen Reihe. B. 28/620.

Hewitt und Winmill, Arsendijodid (+ magnesiumorganische Verbindungen). Soc. 91/962; C. 1907, II/439.

Holle, Zur Kenntnis der tertiären Phosphine und Arsine (Kondensationsversuche mit Benzalchlorid). B. 25/1518.

Kahn und Benda, Über einige Homologe und Derivate der Arsanilsäure. B. 41/3859.

Kelbe, Über Naphthylphosphor- und Arsenverbindungen. B. 11/1499.

Krafft und Neumann, Über Verdrängungen in der Phosphor-Arsengruppe. B. 34/565.

La Coste, Über Benzarsinsäure und Derivate. A. 208/1.

— Arsinobenzoesäure. B. 13/2176.

— und Michaelis, Über Mono- und Diphenylarsenverbindungen. B. 11/1883.

— — Über Triphenylarsin und Derivate. B. 11/1887.

— — Über Monotolylarsenverbindungen. B. 11/1888.

— — Über aromatische Arsenverbindungen (zusammenfassend). A. 201/184.

Lang, Mackey und Gortner, Einige Ester der arsenigen Säure. Soc. 93/1364; C. 1908, II/849.

Launoy, Über die Giftigkeit einiger organischer und anorganischer Arsenverbindungen und über die Gewöhnung an dieses Gift. (Bespricht u. a. am Arsen geschwefelte Derivate.) C. r. 151/897; C. 1911, I/30.

Leeds, Über Verbindungen der aromatischen Basen mit Metallsalzen ($AsCl_3$). Amer. Soc. 3/134; B. 15/1765.

Little, Cahen und Morgan, Die Bestimmung des Arsens in organischen Verbindungen (es wird auch das Toluolsulfatoxyl beschrieben). Soc. 95/1477; C. 1909, II/1494.

Mameli, Über die 1-Amino-2-nitro-4-phenylarsinsäure (durch Arsensäureschmelze von o-Nitranilin). Boll. Chim. Farm. 48/682; C. 1909, II/1856.

— und Ciuffo, Über das Asiphyl (Quecksilberatoxyl). C. 1908, II/1891.

— — Über das Aspirochyl (Quecksilberatoxyl) und dessen Heilwirkung. Clin. med. ital. 1909/339; C. 1909, II/1817.

— und Patta, Über die p-Jodphenylarsinsäure und einige Derivate derselben. Arch. d. Farmacol. sperim. 8/395; C. 1909, II/1856.

— — Über die p-Jodphenylarsinsäure und einige ihrer Derivate. Arch. d. Farmacol. sperim. 11/475; C. 1911, II/628.

Mannheim, Über tetraalkylierte Arsoniumbasen. A. 341/182.

May & Baker und Bates:

Engl. Pat. 8959 (1908) Quecksilbersalz der p-Aminophenylarsinsäure.

Michaelis (s. auch La Coste).

— Phenylarsenchlorid. B. 8/1316.

— Über aromatische Arsenverbindungen. B. 9/1566.

— Phenylarsentetrachlorid. B. 10/622.

— Über aromatische Arsenverbindungen. (Zusammenfassend.) A. 320/271.

— Über sekundäre aromatische Arsenverbindungen. (Zusammenfassend.) A. 321/141.

— Über die p-Dimethylaminophenylarsinsäure (Dimethylatoxyl). B. 41/1514.

— D. R. P. 200 065 (erloschen) V. z. D. von p-Dimethylaminophenylarsinsäure. Fr. IX/1050.

— und Köhler, Über eine neue Reihe von Betainen (Arsoniumverbindungen). B. 32/1566.

— und Link, Über die Konstitution der Phosphonium- und Arsoniumverbindungen. A. 207/193.

— und Lösner, Über nitrierte Phenylarsenverbindungen. B. 27/263.

— und Oster, Über die Einwirkung der Chloride des Phosphors, Arsens, Bors und Siliciums auf die aromatischen Hydrazine. A. 270/123.

Michaelis und Paetow, Über Benzylarsenverbindungen. B. 18/41.

— — Über Benzylarsenverbindungen. A. 233/60.

— und Rabinersohn, Über die Einwirkung von Arsentrichlorid auf tertiäre aromatische Amine. A. 270/139.

— und Reese, Über aromatische Antimonverbindungen und eine neue Bildungsweise aromatischer Arsenverbindungen. B. 15/2876.

— und Schulte, Über Arsenobenzol. B. 14/912.

— — Über Arsenobenzol, Arsenonaphthalin und Phenylkakodyl. B. 15/1952.

— und Weitz, Über Trianisylarsin und einige Derivate desselben. B. 20/48.

Morgan und Micklethwait, Organische Derivate des Arsens. Teil I. Dicamphorylarsinsäure. Soc. 93/2144; C. 1909, I/532. Teil II. Triaminotriphenylarsinoxyd und Tricamphorylarsinsäure. Soc. 95/1473; C. 1909, II/1427.

Mouneyrat,

Franz. Pat. 401 586. Darstellung von Phenylcarbaminoarsanilsäure (aus Atoxyl und Phenylisocyanat) und von Sulfoarylarsanilsäuren.

Oechslin, Chininester von Phenylarsinsäurederivaten (von $HOOC \cdot C_6H_4AsCl_2$). Philippin. Journ. of Science 6 A 23 (1911); C. 1911, II/1127.

Palmer und Dehn, Über primäre Arsine. B. 34/3595.

Patta und Caccia, Über das Tetrajodid der p-Aminophenylarsinsäure. Estr. d. Boll. Soc. Med. Chir. d. Pavia, 1911, Sept.; C. 1911, II/1158.

Pfeiffer, Zur Darstellung der Phenylverbindungen der Elemente der Phosphorgruppe. B. 37/4621.

Philips, Zur Kenntnis des Triphenylarsins. B. 19/1031.

Poulenc frères:

D. R. P. 206 343 V. z. D. von Gold in kolloidaler Form enthaltenden Derivaten (Gold-Atoxyllösung).

Pyman und Reynolds (s. auch Barrowcliff), Aromatische Arson- und Arsinsäuren. Soc. 93/1180; C. 1908, II/781.

Sachs und Kantorowicz, Einwirkung magnesiumorganischer Verbindungen auf As_2O_3. B. 41/2767.

Schiff, Verbindungen des Anilins mit Metallsalzen. Vgl. Lit. in

Kopps Jahresber. f. Chem. 1863, S. 411, sowie in der Abhandl. v. Leeds (s. sub L.).
Schiff, Untersuchungen über die Chinolinreihe (Arsentrichloridchinolin). A. 131/116.
Schulte, Über Phenylarsensulfide. B. 15/1955.
Speyersche Studienstiftung, Frankfurt a. M.:
D. R. P. 191 548 V. z. D. von Säureabkömmlingen der p-Aminophenylarsinsäure. Fr. VIII/1227.
D. R. P. 193 542 V. z. D. von Derivaten der p-Aminophenylarsinsäure (Schiffsche Basen). Fr. VIII/1229.
D. R. P. 205 449 V. z. D. von p-Diazophenylarsinsäure. Fr. IX/1039.
Vereinigte Chem. Werke A. G. in Charlottenburg:
D. R. P. 203 081 V. z. D. des Chinin- und Cinchoninsalzes der p-Aminophenylarsinsäure. Fr. IX/1057.
Waga, Über Magnesiumdiphenyl (+ $AsCl_3$). A. 282/320.
Wellcome und Barrowcliff:
Engl. Pat. 12 472 (1908). Darstellung neuer therapeutischer Verbindungen (Einführung von Hg in den Kern der Arsinsäuren).
— und Pyman:
Engl. Pat. 855 (1908) Darstellung von o-Tolylarsinsäure.
Wolff, P.:
D. P. Anm. W. 29 524 (versagt) V. z. H. von organischen Arsinsäuren durch Erhitzen der arsensauren Salze organischer Basen (in Lösungsmitteln wie Glycerin usw.).
D. R. P. 213 394 V. z. H. von Lösungen wasserunlöslicher organischer Arsinsäuren und ihrer wasserunlöslichen Salze (in Glycerin).
Wolffenstein:
D. R. P. 239 073 Darstellung von arsenhaltigen organischen Verbindungen (Arsensäureester durch Erhitzen von arsensaurem Silber mit halogenhaltigen, organischen Verbindungen).
Yvon, Über den Arsenanilinbrechweinstein. C. r. 150/834, C. 1910, I/1984; Journ. Pharm. et Chim. (7) 1/473, C. 1910, II/334.

Nachtrag.

Zu VII. (Aromatische Arsenverbindungen im weiteren Sinne.)

Phenylhydrazin bildet mit $AsCl_3$ ein Anlagerungsprodukt von der Formel $(C_6H_5NH \cdot NH_2)_3AsCl_3$ [Michaelis und Link[1])].

Zu IX. (Therapeutische Verwendung.)

Enesol[2]) ist ein schon seit 1904 im Handel befindliches Produkt, welches aus äquimolekularen Mengen Methylarsinsäure und Quecksilbersalicylat hergestellt wird und in Wasser leicht löslich ist.

Bertheim weist gelegentlich[3]) darauf hin, daß „mit dem Eintritt der Amidogruppe in den Kern der Phenylarsinsäure der parasitocide Charakter gewissermaßen entwickelt werde, ähnlich wie die Chromogene durch den Eintritt der auxochromen Gruppen zu Farbstoffen werden". Die Priorität für diesen Vergleich beansprucht Nierenstein[4]). An derselben Stelle betont dieser auch, daß Breinl und Nierenstein[5]) den Mechanismus der Atoxylwirkung so ansehen, daß durch oxydative Vorgänge im Organismus Arsen abgespalten wird und dieses in statu nascendi auf die Parasiten wirkt.

Zu X. (Literaturverzeichnis.)

Bart, D. P. Anm. B. 60 658

V. z. D. von nitro- und nitrooxyphenylarsenigen Säuren (aus den entsprechenden Arsinsäuren durch Reduktion mit $HJ + SO_2$).

---

1) A. 270/138.
2) Zusammenfassend: Frey, Berl. klin. Woch. 1911/1171.
3) B. 44/3092.
4) „Zum Chemismus der Atoxylwirkung." B. 44/3563.
5) Lit. ebenda zitiert.

Farbwerke vorm. Meister Lucius und Brüning, Höchst a. Main, D. P. Anm. F. 32 014

V. z. D. von in Wasser leicht mit neutraler Reaktion löslichen Derivaten des 4, 4'-Dioxy-3, 3'-diaminoarsenobenzols. (Die Aminobase wird durch Erwärmen mit Chloressigsäure in die 4, 4'-Dioxyaminoarsenobenzolaminoessigsäure verwandelt, deren Alkalisalze wasserlöslich sind.)

Engl. P. 11 709 (1911)

V. z. D. asymmetrischer aromatischer Arsenoverbindungen. (Durch Reduktion einer Mischung, die zwei verschiedene Arsinsäuren oder ein Arsenoxyd und eine Arsinsäure in gleichen molekularen Verhältnissen enthält.)

D. R. P. 248 047 erteilt auf D. P. Anm. 31 840 (2,5-Diaminobenzol-1-arsinsäure, Seite 86).